视频录音技术自学手册

[日] 樱风凉 著
胡琪 译

電子工業出版社
Publishing House of Electronics Industry
北京•BEIJING

CONTENTS

第6章·实践 自媒体、电视的录音 115

第7章·实践 广播、播客、线上会议等场合的声音 127

第8章·实践 电影录音 137

第9章·指南 / 目录

第10章·指南 / 目录

用摄影解说

随着网络视频平台的发展，视频内容越来越丰富，大家拍摄视频的机会也逐渐增多。新型的影像创作者与静态摄影师利用传统影像摄影师所没有的审美拍摄出了许多唯美的动画，想要借助这些动画去改变视频与商业广告的世界。摄像机及照明设备的价格降低了，性能强大的机型在不断增多，电视节目与网络视频之间的差距越来越小。静态摄影师和Vlogger（视频博主）创造出了一个独特的视频世界。

电影录音部门欢迎这个世界的到来。

实际上，Vlogger或摄影师在刚开始创作视频的时候，都会对“声音”感到苦恼。除了专业摄影师，如果是个人自行拍摄，偶尔会在声音品质上碰壁。

另外，网络视频创作者之间的竞争愈发激烈，在作品上如何做出差异化变得越来越难了。这时，声音品质变得尤为重要。即使使用了专业人士使用的优质麦克风，音质也没那么容易变好。

因此，我以电影录音部门的知识和经验为基础，向Vlogger及新入行的摄影师们，尽可能用通俗易懂的摄影术语及摄影的思维方式来对声音进行解说。

举个例子，声音也有“焦点”与“曝光”，也会出现“眩光”与“色偏”。有些原因会导致照

术语 录音

片的画质下降，从这个角度出发，有些原因同样也会导致麦克风录制的声音的音质下降。读到这里，大家是不是容易想象了？我的本意不是将本书打造成工具书，而是想向各位Vlogger及摄影师传达基础的概念，然后用简洁的语言将其表述出来。

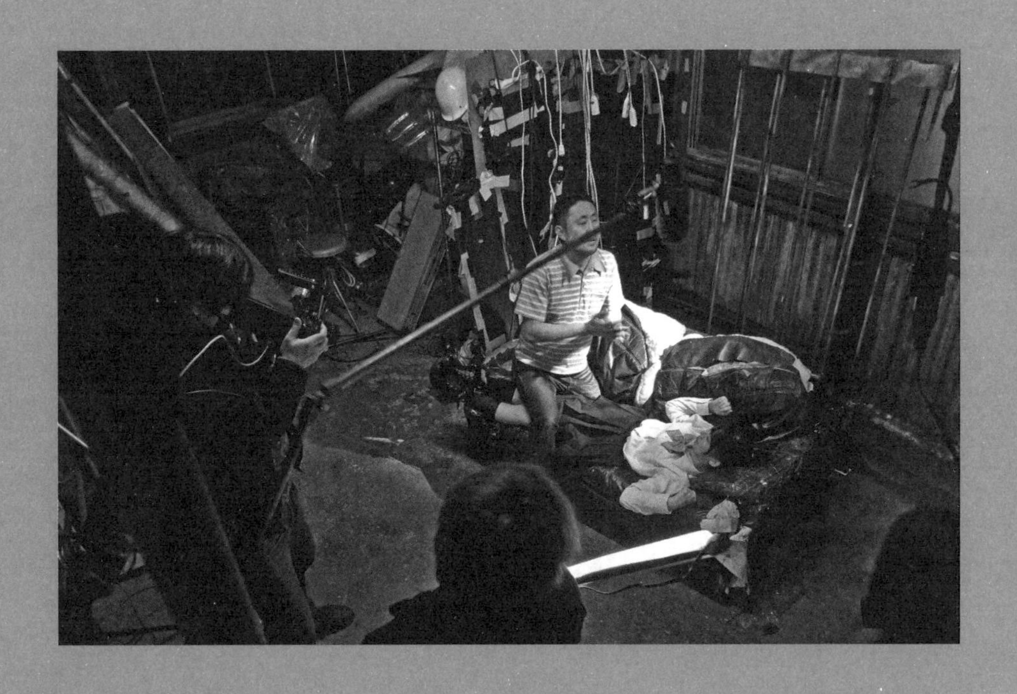

用声音影像的

首先，我想讲述一下自己的经历。我曾作为技术写作人员，多次为 Premiere、Edius、LightWave 3D 等影像类应用程序撰写解说文，也曾和佳能等品牌的摄像机开发团队有过交流，以评论家的视角进行视频讲解，但作为实操者的经验尚有不足。

2000年以后，我开始从事电影、电视等方面的制作活动，2002年创立了影像制作公司。实际上在那个时候，最困扰我的便是声音。当时，无论是电视节目还是电影，都由专业人士掌控着声音的世界，我们基本获取不到任何信息。在那之后的 18年里，我通过各种各样的尝试，不断积累现场经验，向前辈学习技术，最终能够在电影录音领域独当一面。

刚开始的时候，我被电视台技术部的人严厉训斥过，也丢失过工作。当我问对方“该怎么办”的时候，对方的回答也只是“只要好好录音就行了”。实际上，谁也给不出确切的答案。我只能在现场重复着“这个设备这样操作就好”的工作，周围没有人能从理论上告诉我要如何做。

因此，本书将用简单易懂的、大多数人都知道的摄影术语和概念进行解说，以此传达我想表达的内容。我希望更多的人能够愉快地享受录音这个过程。

题外话

关于录音这个职业，在不同的领域称呼不同：在电影行业中被称为“录音师”；在电视行业中被称为“音响师”；制作效果音的人被称为“音效师”；对剪辑后的声音进行调整，或

判断质量

者插入音乐、旁白的工作被称为“声音后期制作”。

随着摄像机的性能不断提升，我们即便没有摄影、影像等方面的知识，也能创作出不错的作品，我们已经迎来了这样的时代。但是，声音光靠机器的力量是无法达到完美的，这一点相信大家都很清楚。

此外，最近开始利用 Zoom 或 Skype 等工具进行视频转播，只要音质够好，就不会让人感到违和，这一点相信大家都有体会吧。

反过来说，如果视频的音质不好，就会给观众带来不好的体验，有人会选择中途退出观看，这样一来视频的点击量就上不去了。

有人说，声音反映出了人类的深层心理，声音的品质在很大程度上左右着人们对视频的印象。如果有人从事过视频剪辑的工作，或许就能明白没有 BGM（背景音乐）的作品是没有灵魂的。对于视频作品，只要加入优秀的音效或音乐，即便演员演技不佳，也有机会变成令人称赞的作品，这一点也是事实。

那么，本书想要介绍的便是这样的声音。

只凭借优良的设备无法录制到优质的声音

声音复杂的原因，在于无论使用什么样的器材，声音的品质都无法轻易提升。虽然器材的优劣是一切的基础，但是决定声音好坏的是如何使用或调整这些器材。

我在第 1 章中会进行讲解，声音也有角度和焦点。此外，恰当地使用音频设备、根据不同的场合使用合适的设备，这一点也十分重要。

坊间流传着很多关于录制声音的技巧，不过都是适用于音乐录制的。想要将这些技巧直接用在电影拍摄等场合，有时是行不通的。

电影和电视等外景拍摄的录制条件与音乐的录制条件有很大不同。例如，麦克风必须设置为不可见的状态、录音场所不一定安静、声音的大小因演员而异、录音设备的设置时间非常短暂等。也就是说，外景拍摄中的录音需要特别的技巧。

了解麦克风的工作原理，音质就会大大提升

与 Vlogger、摄影师相比，电影录音人员的最大优势在于可以自由自在地使用麦克风。稍微调整一下麦克风的距离或角度、在音量上进行细微的调整、选择合适的器材，这些都会极大地影响声音的品质。声音的世界充满奥妙，甚至可以说我们穷极一生，也无法完全掌握。但是，一旦了解了麦克风的工作原理，我们便能设法创造出多彩的声音世界。

诚然，我们不仅可以将声音录得清晰饱满，还能够创造声音的世界。动画中的声音都是创造出来的，却赋予了画面真实感。基本上，动画中的声音都是通过麦克风录制完成的。

录音工作不仅生动有趣，还富有创意。我希望大家可以一边阅读本书，一边了解其中的乐趣，然后积极地付诸实践。

本书从录音基础开始，按照顺序讲解麦克风的选择方法，以及如何设置麦克风。如果你对目前的录音工作感到苦恼的话，那么请务必先阅读第 9 章；如果还有不明白的地方，那么请再阅读前面的章节。

本书由讲座篇与实践篇构成

在本书中，第 1章、第 2章介绍了录音的基本思路，第 3章至第 5章按照不同种类介绍了麦克风的具体使用方法，第 6章至第 8章介绍了不同场合的录音技巧，第 9章介绍了不同场合下的录音指南。想要进一步提高音质的话，请先阅读作为基础的第 1章、第 2章。想配合手头的录音设备进行实践的话，请阅读本书的第 3章至第 9章。

讲座 Lecture

第1章·讲座

失败！为什么变不成好声音

好声音是什么样的

首先，我们来明确一下什么是“好声音”。很多业余爱好者对此一知半解，专业人士则能够清楚地把握其实质。

不过，专业人士中也有部分人对把握“好声音”的实质抱有敷衍了事的态度，这一点也是事实。

主观的好声音、客观的好声音

什么是好声音？简单来看，有两种评价标准：一种是主观评价，即“自己觉得好听的声音”；另一种是客观评价，即“任何人都觉得好听的声音”。

专业的录音部门（电视节目中是音效师）以“任何人都觉得好听的声音”为目标。而前一种“自己觉得好听的声音”实际上因人而异，类似于大家喜欢的声音类型各有不同。大部分人都无法分辨的音质差异也包含其中。

什么是客观的好声音

对于主观的好声音，我们往往开始不以为意，结果却发现这是一种令人心情愉悦的声音。与此相对，我认为要把“任何人都觉得好听的声音”作为最低的标准。

那么，我来试着列举一下什么是客观的好声音。不过，由于声音在电视与电影中存在差异，这里分别列举。

电视、Vlog创作者认定为好声音的条件

1. 能够听出是原声（耳朵直接听到的声音）
2. 人声听起来很清晰
3. 音量适中
4. 播放时小声或大声都十分清晰

电影认定为好声音的条件

1. 能够听出是原声（耳朵直接听到的声音，比电视里的声音更加自然）
2. 人声听起来很清晰
3. 音量适中
4. 播放时小声或大声都十分清晰
5. 根据与摄像机之间的距离，能够感知距离感
6. 知道在什么样的场所（知道房间的大小与环境）

“能够听出是原声”，几乎所有的麦克风都能够做到。听不出是原声，指的是声音像旧收音机的声音、加工后的声音、机械的声音。

“人声听起来很清晰”或许是最难的。简单来说，就是电视里的声音与视频网站上的声音之间的区别。“清晰”指的是没有背景音干扰、没有回音，能够清楚地知道说话的内容。

“音量适中”，指的是主角的声音（如人声）在播放的时候，音量的大小让人感到舒适。不过，在电视上，为了使所有人的音量都保持在同一水平，剪辑的时候一般都会进行调整（我们称之为“MA”）。而在电影中，与摄像机之间的距离不同，声音的大小也会改变。

“播放时小声或大声都十分清晰”，指的是播放时不改变音量，但音频中原本的小声或大声，听众听起来都十分舒适。将爆破音与格斗声调大，将人们低声说话的声音调成窃窃私语这样的小音量，这在日本电影中十分常见，可放到电视上观看的时候，要么觉得声音太大过于嘈杂，要么觉得声音太小听不清楚。在好莱坞大片中这种情况很少发生，也就是说日本电影在这方面做得很失败。当前，在日本电视界，上述这样的情况渐渐消失了。

“根据与摄像机之间的距离，能够感知距离感”，指的是在远处说话时，与音量大小无关，能够让声音听起来很遥远。距离感与音量无关，是通过操控麦克风来创造的，也就是音质。

“知道在什么样的场所”，指的是能够通过声音感知环境。例如，如果是在教会或者大厅，就会有回音；如果是在大草原，就能听到风声。将环境的声音巧妙地混在一起，对电影来说不失为一种好的声音。

首先以清晰的声音为目标

正如前面所述，你可能已经注意到了，声音是由音量与音质两个部分构成的。音量即声音的大小，是可以控制的部分，但音质该如何控制呢？这就是我们要说的重点。很多时候大家都是通过选择不同的麦克风来追求理想的音质的，但实际上并非如此。

那么，我来具体地讲解一下吧。首先讲解“清晰的声音”。

为什么声音会不清晰呢

如果你是一名专业摄影师（或者达到了同等水平），或者是一名优秀的Vlogger，你在拍摄前会不会进行试拍呢？明明用的是相同的器材，试拍时十分清晰的声音，在现场实际拍摄的时候却听不清了，为什么会发生这样的事情呢？另外，如果你是一名Vlogger，也许你还在烦恼：明明用了和别人相同的方式去拍摄，为什么自己拍出来的作品没有那么好的音质呢？

为此，我试着用摄影术语来解释声音的世界。

首先，摄像机内置的麦克风在深焦的情况下，就好比光圈F8的鱼眼镜头，不仅价格优惠，还拥有强大的聚焦功能；又好比360°拍摄的全景镜头，因为是暗镜头，所以手抖现象也会十分明显。

因为镜头（麦克风）有这样的特点，所以为了能够将周围所有的景物拍下来，我们不得不将附近所有的声音一同录制下来。这样一来，录制下来的就不单是目标声音了，而是混在一起的各种声音，所以声音会变得不清晰。

请再想象一下，如果你在距离被摄体数米远的地方使用鱼眼镜头，目标却是拍摄其面部表情，这就好比在鱼眼镜头里拍到自己的脚一样，不仅距离非常近，还会混入摄像机的操作声。

尝试购入枪式麦克风

曾录制失败的Vlogger和摄影师在看过网站或店铺的宣传内容后，往往会购入枪式麦克风，这样做是没有问题的。

专业人士不会使用夹式麦克风

1万日元左右就能买到的长约数厘米的枪式麦克风，用镜头来说就是14mm焦距镜头的角度，周围还会出现严重的虚化现象，焦距相当于28mm，光圈在F5.6左右。不过，这种麦克风附带手抖修正功能（相当于减震架，不会受到操作音的影响）。虽然枪式麦克风比内置麦克风要好，不过其特征与全焦镜头相似，也会拾取被摄体周围及后方的声音。

具体来说，如果在街上使用小型枪式麦克风录制声音，和使用超广角镜头一样的原理，除了被摄体的声音，四周及被摄体对面的声音全部会被记录下来，因此录下来的就不单单是主角的声音了。另外，枪式麦克风还有一个明显的特点，那就是能够拾取部分拾音区域之外的声音。也就是说，枪式麦克风会录下未入画的声音，类似于摄影上的色偏现象，可能这样举例理解起来比较容易。换句话说，周围嘈杂的场所，就是摄影上所说的容易发生色偏的区域。

考虑到Vlogger，我说得稍微详细一些。所谓的色偏现象，是指在红色的墙壁前拍摄的话，墙壁的红色会影响人们的肌肤颜色，使整个画面都染上红色。声音与此类似，录制时除了会录到朝向麦克风的声音，四面八方的声音也会混在一起被录到。就算是数十万日元的枪式麦克风，这一点同样无法避免。

另外，如果小型枪式麦克风的角度与超广角镜头一致，在安静、没有回音的房间，也只会录下一种声音。换句话说，就算是小型枪式麦克风，只要室内环境安静，就能录制清晰的声音。因此，在安静的家里或办公室试拍时，即便当时的声音十分清晰，但如果换到嘈杂的环境中，声音也可能变得不清晰。

从Vlogger的角度来看，明明自己和那些知名Vlogger使用的是同一款器材，但是为什么自己作品中的声音就不清晰呢？究其原因，不是麦克风的问题，而是房间的问题，不过我们也无法翻新整个房间。所以，关键还是录音技术，我们可以利用录音技术让声音得到突破性的改善。

怎么样？你了解麦克风了吗？

那么，我们说得再具体一点吧。

声音也有角度

将麦克风比作镜头的话，我们用肉眼无法看见的声音世界似乎也变得容易理解了。

那么，我来详细说明一下麦克风与声音的概念。

首先，麦克风也有角度，一般的麦克风（摄像机内置麦克风）拥有类似鱼眼镜头、超广角镜头的性能。

除“声音的角度”之外，还存在着“声音的焦点”，以及受周围环境影响的“声音的色偏”现象，理解这三点是提高声音品质的关键。接下来，我分别说明一下。

麦克风的角度（指向性）

首先，对麦克风的角度进行解说。与镜头一样，麦克风也有各种各样的角度、规格与音调（高音更加清亮等）、耐久性（结构）等。下面，我来解释一下麦克风的指向性。

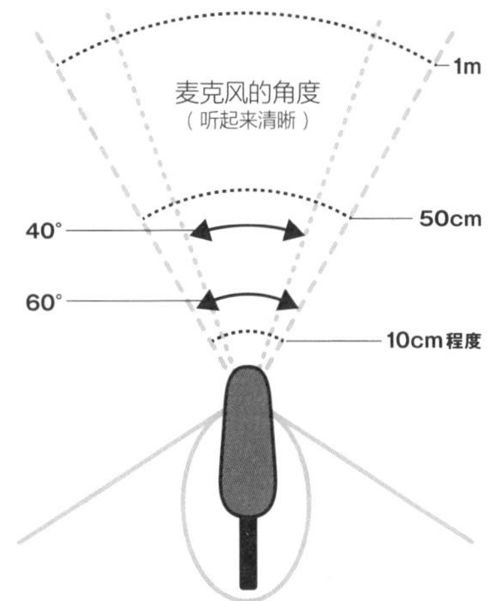

首先介绍的是摄像机内置麦克风。虽然不同机型之间存在差异，但大部分的摄像机内置麦克风都是无指向性麦克风，能够录制来自任意方向的声音，类似于360°全景鱼眼镜头（或VR摄像机）。

不过，对焦范围在距离麦克风约50cm的区域，离得越远，声音就会越模糊。关于声音的模糊现象，我们会在后面解说。

与此相对，还有一种枪式麦克风，很多人将其安装在摄像机的热靴上使用。枪式麦克风也叫“单一指向性麦克风”，只能在麦克风前方（前端）对焦。但是正如前面所说的，只要能够在麦克风前方对焦成功，那么麦克风侧面或后方的声音也会同时被记录下来。

不存在类似于望远镜镜头的“望远麦克风”

枪式麦克风的卖点里常常出现“望远麦克风”这样的字眼，但是我认为这会给Vlogger、摄影师造成误解。最贵的枪式麦克风，如果用镜头来表示的话，焦距在100mm左右。电影中经常使用的枪式麦克风SENNHEISER MKH416相当于标准镜头（焦距为35～50mm）。

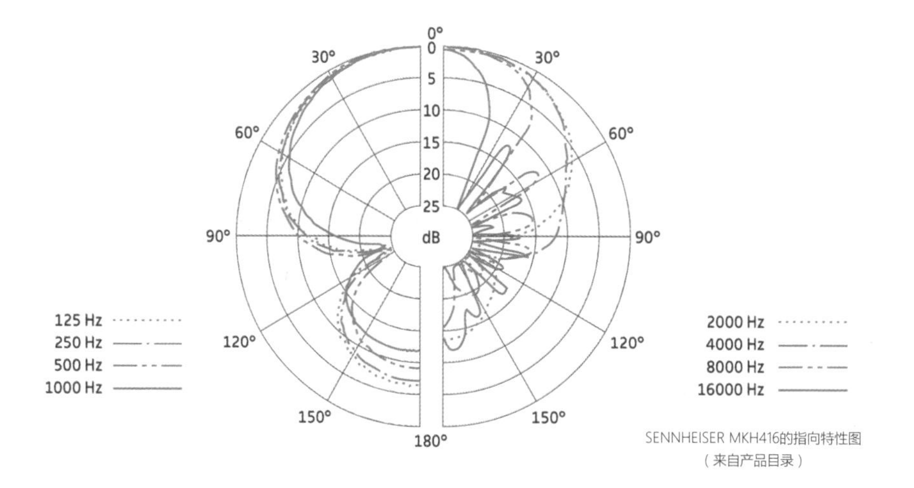

SENNHEISER MKH416的指向特性图
（来自产品目录）

上图表示麦克风灵敏度的“指向性”（Polar Pattern），后面会详细介绍。简单来说，0° 代表麦克风的正面，30° 或60° 是麦克风从正面向侧面移动的角度。从这张图来看，同一频率的声音，偏离麦克风的角度越大，表示声音越大，也就是声音的灵敏度越高。图上的线条表示录音的频率。由于麦克风在不同频率下的灵敏度不一样，所以我们用多条线条来表示。在这张图中，左右两边的线条分别变成了不同的形状，这是为了将频率分成左右两部分来画，实际上左右两边的线条应是左右对称的。

例如，1000Hz（左侧的实线）代表了从麦克风正面到侧面移动约30° 的灵敏度几乎是相同的，在移动60° 时下降了4dB左右。用耳朵去听的话，4dB的差值极其微小。专业的录音部门根据上述的图示，基本能够判断出麦克风能在移动多大角度后录下相同的声音。

那么，1万日元左右的枪式麦克风究竟怎么样呢？之前提到的麦克风是专业人士所用的，在麦克风左右两侧30° 的区域均可拾取到相同的声音，即便这样，也已经算是拾音范围相当广了。以35mm标准镜头换算的话，大概为38mm的镜头。因此，如果是1万日元左右的枪式麦克风，那么拾音范围会更广一些。虽然我们不能对此抱有过多期待，但枪式麦克风其实也能像超广角镜头那样进行大范围的拾音。

试试捂住自己的一只耳朵吧

我们可以尝试利用自己的耳朵来了解麦克风的性质。准备好电视等能够发出声音的设备，捂住自己的一只耳朵，然后去试着听一听。

不停摇晃自己的脑袋，尝试改变听到声音的方向。怎么样？是不是不管哪个方向都能够听到声音？当然，将耳朵对准声源的方向是最容易听到声音的。

麦克风也是如此，基本可以拾取任何方向的声音。麦克风的顶部是拾音的最佳区域，即便高性能（高价）的枪式麦克风，声音在朝向枪式麦克风与不朝向枪式麦克风这两种状态下的差别也是巨大的。

也就是说，所谓的枪式麦克风，就相当于把手放在耳朵上拉起耳朵去听，所以枪式麦克风背面（枪式麦克风顶端的对面）的声音会变小。

我们试着用数值表示标准的枪式麦克风的拾音大小。

如果将正对着麦克风的区域用10表示的话，那么麦克风前方45° 则是8～9，侧面（180° ）是3~8，后方45° 是1～3，正后方则是2～4（正后方的声音听起来稍强一些）。

总之，即便是枪式麦克风，也无法像聚光灯只照射一个点一样仅拾取一个区域的声音。

从麦克风侧面到后方的声音衰减得越厉害，焦点范围就越小。但是，焦点范围越小，并不是说麦克风的性能越好，只是角度变小了，并不代表音质变好了。同样，即便是望远镜镜头，画质上也有好坏之分。

声音也有焦点

我们来说一说“声音的焦点”吧。

如果把麦克风比作相机的镜头，几乎所有麦克风的焦点位置都在麦克风前方约50cm处，如果距离再远一些，最好控制在1m左右。如果距离超过1m，声音就会变得非常不清晰。

不过，麦克风的焦点会因为周围的杂音与回音而发生较大的变化，焦点范围也会随之改变。

声音的焦点是什么

既然提到了声音的焦点，那么对焦成功的声音究竟是什么样的呢？

请回想一下电视新闻里的声音——既不是在耳边低声说话的声音（画内音），也不是从远方传来的声音（画外音），而是让人听起来感觉刚刚好的声音，这就是对焦成功的声音。

没有对焦成功的声音有两种：离麦克风太近，低音过强，和耳朵听到的声音不一样（画内音）；听起来像是远方传来的声音（画外音）。

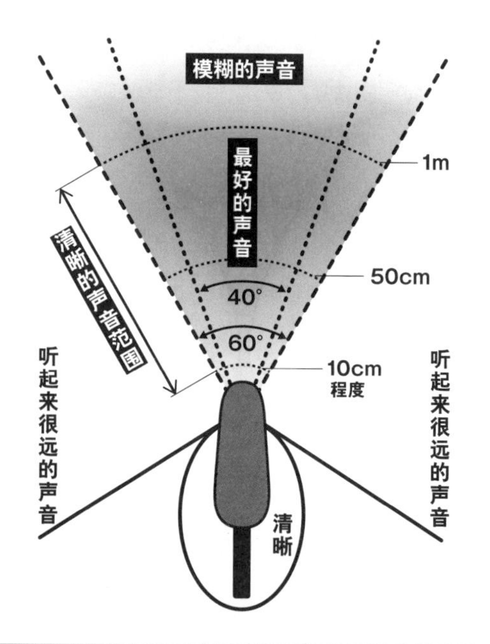

麦克风的基本原理是近距离使用

我们把麦克风比作摄像机来说明。

正如前面讲到的，普通的麦克风类似于鱼眼镜头，若是想要凸显被摄体，只能靠近被摄体去拍。卡拉OK麦克风就是一个典型的例子，只有嘴部附近的声音能够对焦成功。

如果把麦克风比作摄像机镜头的话，安装在摄像机热靴上的枪式麦克风的焦距在28mm左右（能够听清的区域），对焦范围为50cm ~ 1m。

也就是说，枪式麦克风就像180° 的鱼眼镜头，只能在28mm左右对焦成功，虽然也能拍下周边的景物，但是会给人一种模糊的感觉。

因此，为了能够将被摄体拍下来，我们需要将麦克风朝向摄像机不会发生虚化的区域，如果不靠近对焦区域，就无法获得优质的声音。

“如果是广角镜头，请再上前一步吧！”

与摄像机的基本原理很相似吧！

电影拍摄也是一样的

插句题外话，在电影拍摄现场，我们一般会使用像鱼竿一样的麦克风吊架，将麦克风放入对焦范围内。即便用了长竿，专业的录音师也会将麦克风靠近被摄体。无论使用性能多么优越的麦克风，如果不靠近被摄体，就无法录制到优质的声音。反过来说，即便是便宜的麦克风，如果靠近被摄体，也能录制到优质的声音。

这一点类似于如果光线好，即便是廉价的摄像机，也能拍出漂亮的视频。

声音的回音（虚化的声音）

接下来，我想说一下音质的问题。

造成音质下降的原因之一就是回音，我们把声音比作光线来介绍一下。

声音在回音大的房间更容易虚化

人的发声就像是一个附带反射器的反射灯，如果反射器性能差的话，没有被反射的声音会在后方漏出来。

从眼灯发出的光线经过墙壁的反射，会充满整个房间。声音也是一样，经过墙壁的反射会回荡在整个房间里，经过墙壁反射的声音就是回音。根据墙壁材质的不同，回音有的强烈、有的微弱，这一点类似于摄影上的色偏现象。也就是说，由于墙壁、天花板或地板的材质不同，回音的大小会发生变化。

如果摄影时想要减少或消除墙壁的反射，该怎么办呢？答案是用黑色去覆盖。声音也是一样的，如果墙壁使用的是不会反射声音的材质，那么回音就会减少。录音工作室一般是由不反射声音的材质（吸音材质）所建造的；电影或电视工作室一般会采用抑制回音的构造；在摄影方面，那就是使用黑色的墙壁。

如果在没有反射声音的场所（没有回音的场所）录音，前面提到的麦克风的焦点就会变近，即便离麦克风的距离远了，也能录到清晰的声音。也就是说，就算与麦克风之间的距离超过了基准值（50cm），我们也能录到清晰明亮的声音。从我以往的经验来看，在没有回音、周边安静的场地，即便拉开100m以上的距离，也能够录到没有虚化的、清晰的声音（后面会讲到这一点）。

总而言之，麦克风是否发生虚化，在于周围的环境是否变“窄”或变“宽”了，而不是要像转动相机镜头上的螺圈（焦环）那样去对焦。

与广角镜头的背景处理相似

用麦克风录音，就好像我们经常使用广角镜头摄影，杂音则代表杂乱的背景，回音则表示颜色的映射（色偏）。

顺便说一句，如果在没有杂音或回音的录制场所，距离麦克风越远，声音就会越小。

主要被摄体的占有面积会影响声音的清晰度

如果录制环境好的话，距离100m也能录下清晰的声音

如果没有背景（噪声）或色偏（回音），我们就能录到清晰干净的声音，这一点同样适用于室外。如果现场没有杂音或回音，即便超出麦克风录音的基本距离也没有问题。我曾录到了100m外的湖面乱斗场景中的清晰声音，因此受到了大家的高度称赞。

演员们在狭窄的栈桥上格斗，嘴里还说着台词。栈桥长约100m，需要将其拍入一个宽幅画面中。也就是说，录音人员若无法靠近，这种情况下就要用无线麦克风，但由于演员们要跳入水中，无线麦克风就不能使用了。虽然我考虑过将无线麦克风藏在码头上，但演员们要从码头的一端走到另一端，所以无法选定放置无线麦克风的地点，再加上踩踏码头的脚步声会变大，这样录下来的声音绝对不会太好。并且，无线电波可能都无法传递过去。

于是，我从100m外的位置（与摄像机同一位置）使用了业界最长的枪式麦克风SENNHEISER MKH816（麦克风越长，角度越窄）。所幸当时没有风声，也没有海浪声，而且拍摄方向上没有道路和民宅，所以只能听到鸟鸣声这样的环境音。

实际上开始拍摄时，由于声音保持着适当的距离感，我们录下了清晰而真实的声音。在那部电影的试映会上，一位著名的摄影师过来对我说："樱风，你是怎么录下来的？"

我大吃一惊，这一切都取决于周围的杂音与回音之间的平衡感。在现场，我们需要确认好这一点，同时选择好麦克风的位置，这就是声音的结构。

我想到这里大家应该都明白了吧。没错，音质下降的原因在于环境音与回音（周围声音的反射），这一点类似于摄影中存在的光线问题。

讲座 Lecture

第2章·讲座
优质
麦克风

麦克风的性能

想要录制好的声音，距离是非常重要的，而且周围的噪声与回音也会对声音产生很大的影响，这一点想必大家都已经清楚了。

接下来，我想说明一下麦克风的性能。

一般来说，所谓优质的麦克风，是指能够轻松录下清晰的声音，并且没有噪声的麦克风。不过，这种理想的麦克风是不存在的，就好比在摄影方面没有万能的镜头。

麦克风的种类与特性

种类（按照性能分类）	①拾音角度（指向性）；②灵敏度；③杂音量；④耐压（能够录下来多大的声音）；⑤频率特性
特性（按照形状分类）	⑥筒身的强度（耐振动、耐湿、工作温度）；⑦接触麦克风时的防噪声措施；⑧防水性；⑨连接器接线头的类别；⑩必备的外部电源的种类

麦克风的性能，除了拾音角度（指向性）、灵敏度、杂音量、耐压（能够录下来多大的声音），在很大程度上影响音质的还有频率特性。

另外，与音质不同，还存在着筒身的强度（耐振动、耐湿、工作温度）、接触麦克风时的防噪声措施、防水性、连接器接线头的类别、必备的外部电源的种类。

从用途来看，有电脑用的、声乐用的、乐器用的、自然音用的及解说用的等多种麦克风，根据不同的用途，存在着多种类型的麦克风。另外，还有场内播放用的、会议扩声用的、舞台用的、录音用的、工作室用的（室外难以利用）等多种类型的麦克风。

麦克风的评价标准因用途而改变

麦克风并不是万能的，我们只能根据具体用途来评价其性能如何。本书将以一般的摄影活动，如电影、电视剧、电视节目等，通过录制人声、脚步声、人群声等来对麦克风进行评价。麦克风用于唱歌时，采用一套评价标准；用于解说时，又会采用另一套评价标准（关于解说用途将在本书的第3章中进行说明）。

接下来我来介绍一下麦克风的用途与种类。

麦克风的用途与种类

首先，我们从基础的麦克风种类进行解说。

麦克风大致分为手持麦克风和非手持麦克风。

能用手拿着的只有手持麦克风

我们在亚马逊等网站的评价中经常能看到有人抱怨麦克风会产生手持噪声。所谓手持噪声，是指手触碰麦克风时产生的声音，当我们用手触摸麦克风时会发出很大的声音。

对于麦克风而言，最基本的准则就是“切勿直接用手去触摸麦克风”。

用手触摸麦克风会产生噪声，这就好比我们用手去摸自己的耳朵，你也会听到声音。

但是，有的麦克风也能用手拿着直接使用。例如，大家所知道的，卡拉OK里使用的就是手持麦克风，声乐麦克风是这一类麦克风的代表。另外，电视台记者手里拿着的麦克风叫作采访麦克风。

声乐麦克风
SHUBE BETA 58A

声乐麦克风与采访麦克风都是手持麦克风，都拥有方便手持的特殊构造，以及在嘴部附近使用的构造。

手持麦克风的内部设有避免将手持噪声传递给集音部（相当于摄像机的摄像元件）的减震架。减震架类似于摄像机的手抖修正装置，实际上是借助难以传递声音的材质来支撑集音部，阻断麦克风握把声音的构造。

另外，麦克风的焦点设定在麦克风前端约5cm处，这里还附有能减轻对着麦克风呼气时所产生的“pop噪声”的保护套。声乐麦克风前端的网就相当于保护套。

不能用手去拿除手持麦克风之外的麦克风

除了手持麦克风，其他麦克风基本上是不能用双手去触碰的，经常用于电影等场合的枪式麦克风也不能直接用手拿着使用。但是，一般人熟悉的大多是卡拉OK里使用的麦克风，因此可能觉得用手拿着麦克风是理所当然的。

像枪式麦克风这样无法直接用手拿着使用的麦克风一般会安装在减震架上。减震架是利用难以传递声音的材质所制造出来的支架（经典麦克风的设备），利用橡胶等材质的材料可以减轻手持噪声带来的影响。

另外，在电影拍摄现场，录音人员也会通过戴手套等方式来尽量避免产生手持噪声。

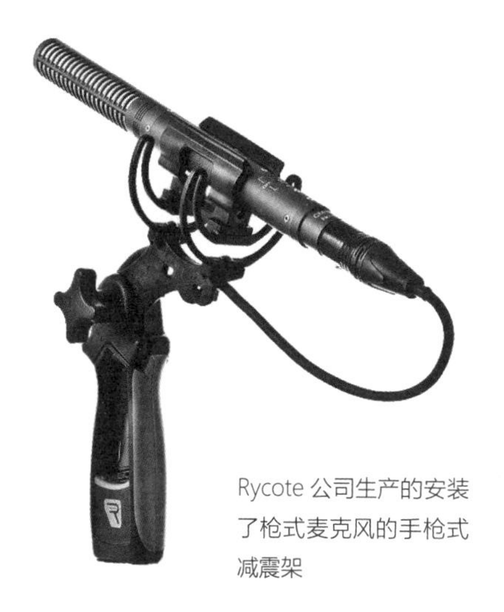

Rycote 公司生产的安装了枪式麦克风的手枪式减震架

根据灵敏度分类

灵敏度	种类	构造	用途	使用场所
高灵敏度	枪式麦克风 领夹式麦克风 立体声麦克风	电容式麦克风 铝带式麦克风	人声 自然声 乐器	安静的场所 给稍远的对象录音 给远处的对象录音
低灵敏度	声乐麦克风 采访麦克风 耳机套装麦克风	动圈式麦克风	人声 大音量乐器	吵闹的场所 给眼前的对象录音

不同麦克风的灵敏度是不同的，但并不代表高灵敏度的麦克风就是好的麦克风，我们需要根据具体用途来准备灵敏度不同的麦克风。

简单分类的话，音乐上使用的麦克风灵敏度低，电影等场合使用的广播麦克风灵敏度高。由于乐器或歌声发出的声音都很大，所以如果不是低灵敏度的麦克风，可能就会产生破音。另外，很多高音质的麦克风可以用来录制美妙的声音，如小提琴的声音。低灵敏度的麦克风即便能录制超高的音质，但如果用来收录大自然中的声音，也会出现音量不足的问题，所以我们要提高音量，但这样就会听到“嗞嗞”的电流噪声。

不管什么情况，不选择合适的麦克风是不行的。用摄影来说的话，就好比要选择合适的胶卷。

需要电源的麦克风

我们可以根据麦克风是否需要电源来对其分类。

种类	产品	电源	电压
专业人士用的电容式麦克风	枪式麦克风 领夹式麦克风 立体声麦克风	幻象电源 （XLR接线柱）	48V （旧产品为12V或24V）
普通人用的电容式麦克风	枪式麦克风 领夹式麦克风 立体声麦克风	插入式电源 （3.5mm接线柱）	2～5V左右 （不同的厂商也会有所不同）
动圈式麦克风	声乐麦克风 采访麦克风 耳机套装麦克风	无	无

不需要电源的动圈式麦克风

提起最原始的麦克风，那就是构造简单的动圈式麦克风。这种麦克风的结构与扬声器相似，由磁铁与线圈组成。线圈搭载于振膜之上，放置在磁铁的前面。当声音进入麦克风时，振膜产生振动，由于振膜与磁铁间的电磁反应，线圈产生感应电流。说动圈式麦克风一直在发电会有点夸张，但是动圈式麦克风可以在不使用外部电源的情况下发出比较大的电流信号。

声乐麦克风和采访麦克风是动圈式麦克风的代表。

需要电源的电容式麦克风

需要电源的麦克风的典型代表是电容式麦克风，这种麦克风使用固定的电容极板与接收声音的振膜，在振膜与被固定好的电容极板之间制造缝隙，施加电压。当声音进入麦克风时，振膜一旦发生振动，其与电容极板之间的缝隙就会发生变化，电容量（电容值C）也会随之改变。将这个电容量的变化转换为电信号的就是电容式麦克风。为了制造出电信号，我们必须提前导入电路，所以需要电源。

电容式麦克风不像动圈式麦克风那样需要振动（相对）沉重的线圈，而是需要像人类鼓膜一样的振动膜，因此其具有宽广的频响范围（从低音到高音的幅度）和平坦的频率特性。

综上所述，电容式麦克风是通过给振动板施加电压来正常运作的，所以电源是必须要有的。

麦克风电源有两种

XLR接线柱的幻象电源

麦克风电源大致可以分为两类，其中一类就是专业人士所用的“幻象电源”。现在幻象电源的主流是48V，以前也有过12V等多种规格的幻象电源。

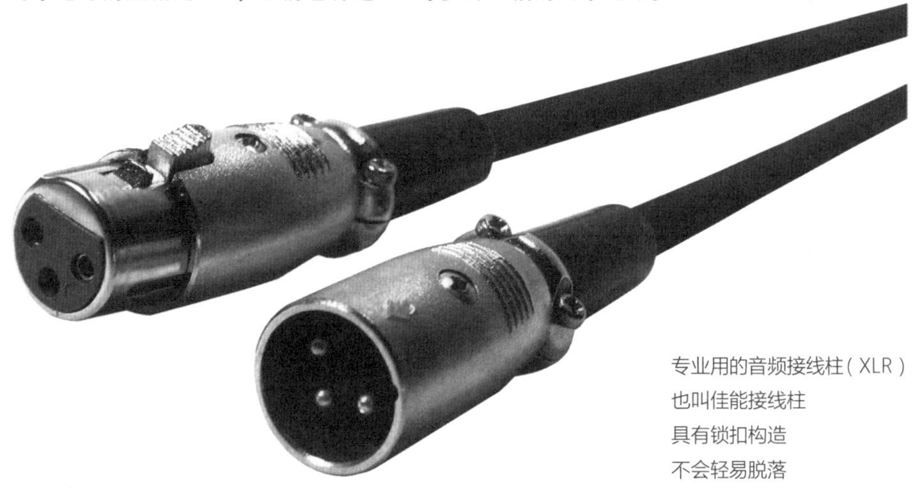

专业用的音频接线柱（XLR）
也叫佳能接线柱
具有锁扣构造
不会轻易脱落

幻象电源一般由专业人士所使用的XLR接线柱（佳能端口）所供给。由于摄像机内没有幻象电源（或XLR接线柱），为了使用接入幻象电源的麦克风，必须使用专业的混音器等可以连接幻象电源的设备。顺便说一下，Panasonic的GH系列和S系列的单反摄像机都具备外部音频组，可以连接幻象电源，还有一般单反摄像机使用的幻象电源。

专业级（业务级）摄像机在外部声音输入时可接入XLR接线柱的幻象电源，这一点是不用说的。

3.5mm接线柱插入式电源

作为大众常用的麦克风，3.5mm接线柱的插入式电源逐渐发展起来。3.5mm接线柱就是我们通常称为耳机接线柱的端口，这里的电源就是名为插入式电源的麦克风电源。

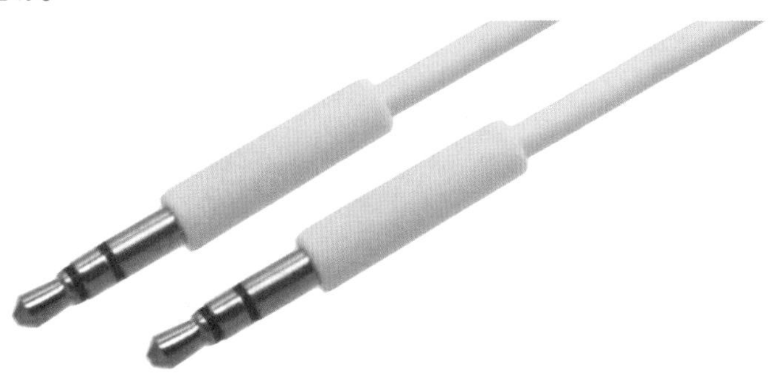

3.5mm 接线柱

实际上，每家厂商的麦克风规格都不同，有些厂商的麦克风有时也会发生运行不畅的情况，电压也是不同的，大致在2～5V。

我认为专业人士最好避免使用插入式电源的麦克风。在使用不同规格麦克风的情况下，不发出声音倒还好，若是发出了声音，有时会不慎混入噪声，造成种种不必要的麻烦。

例如，我曾经将GoPro用的插入式电源麦克风连接到摄像机上，"嗞嗞"的噪声变得非常大。

规格不同的幻象电源是危险的

使用幻象电源时我们需要注意一些事项。例如，如果用幻象电源给不需要使用电源的动圈式麦克风充电的话，最坏的情况就是麦克风线圈被烧毁。

将电压为12V的麦克风（即老式麦克风）连接到48V的幻象电源上，麦克风的电路也会遭到破坏。

虽然幻象电源时常用于专业的场合，但是使用时还需要多加注意。

摄像机端 +48V 供电开关

影视剧中使用的经典麦克风

下面我来介绍一下经常在影视剧中使用的麦克风。

SENNHEISER MKH416-P48U

（14万日元左右）

这是在影视剧中使用的经典麦克风，大家在影视剧中听到的声音大多出自这种麦克风。这种麦克风的拾音角度类似于枪式麦克风，声音的中心在麦克风头左右15° 的区域（也就是前方30° 的区域），想要获取实用的高音质，那么拾音范围就得在60° 左右（可以听清声音的范围）。也就是说，有了这种麦克风，即便声音朝向麦克风的角度没那么精准，我们也能录下丰富饱满的声音。

另外，这款麦克风质地坚硬，即便以较粗暴的方式去使用，也不会使它发生损坏。这款麦克风能够有力地“对抗”湿气（音质不会发生变化），所以拍摄外景也能安心使用。总之，如果你想获取优质的声音，无论何时这款麦克风都值得入手。

使用这款麦克风时需要用到幻象电源，详细内容请参照第3章“麦克风录音”、第5章“使用便捷式录音机吧”。

SENNHEISER MKE600

（4万日元左右）

这是一款干电池驱动式的枪式麦克风，延续了SENNHEISER MKH416的音质。在音质上，如果拾音准确（对焦成功）的话，可以说和SENNHEISER MKH416难分伯仲；如果拾音不准确的话，与SENNHEISER MKH416相比，高音部分会稍显细弱，但客观上也算是一种没有瑕疵的音质。SENNHEISER MKE600是一款能够轻松录制声音的麦克风（参照第10章的内容）。

这款麦克风在干电池与幻象电源下都可以运行。因此，拥有能够直接连接摄像机等设备的3.5mm麦克风接线柱也是其特征之一。

SENNHEISER MKE600的标准款一般附有减震架，只要购入这款麦克风，我们就能像专业人士那样进行录音工作，所以这是一款性价比非常高的产品。这款麦克风在Vlogger中广受好评，被称为“神级麦克风”。

这款麦克风的售价大概为4万日元，虽然有些昂贵，但使用寿命非常长，所以我推荐大家购买。

价格优惠、质量不输 SENNHEISER MKH416的麦克风

SONY ECM-XM1

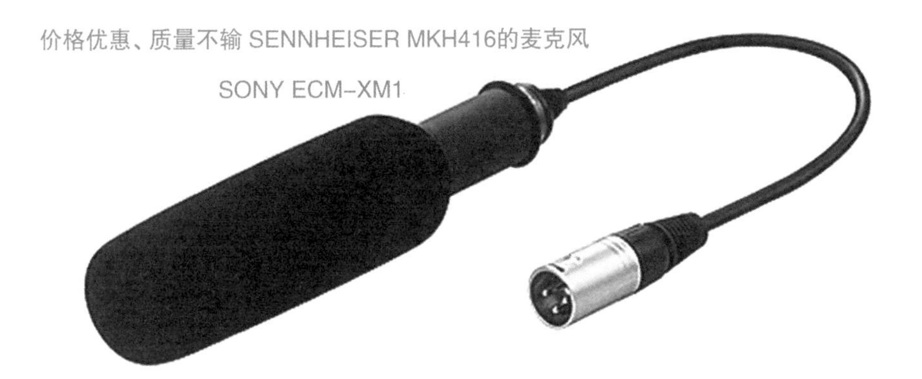

与商用摄像机捆绑销售的小型枪式麦克风SONY ECM-XM1的性能也非常好，由于其作为配件使用，SONY的官网上没有显示这款商品，但可以在亚马逊等平台上购买。这款麦克风低噪声、高灵敏度，拾音角度也说得过去。虽然必须接入幻象电源，但是售价在1万日元左右，从性能上来说这是一款无可挑剔的麦克风。

由于这款麦克风十分轻巧，所以我们可以借助细的麦克风吊架去操作。

如果比较在意预算，我推荐这一款麦克风。

1万日元以下的麦克风就是这一款！

Behringer 公司的立体声麦克风组 C-2

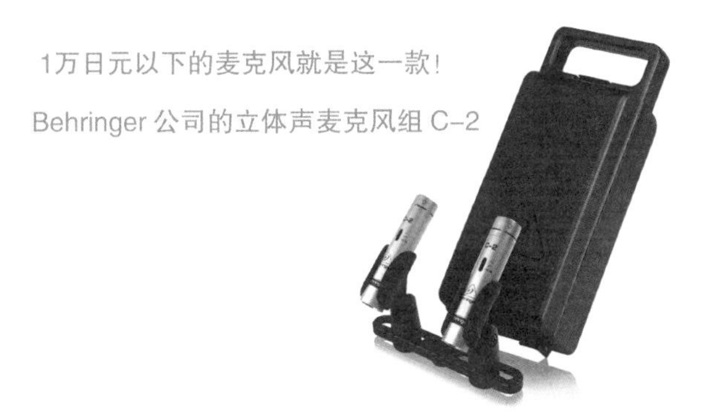

Behringer公司的立体声麦克风组C-2，只需6000日元就能购入。虽然是录制立体声的麦克风，但是也可以用于多种场合。

我非常推荐这款麦克风，它附带麦克风支架、防风罩（海绵套）和收纳盒，价格方面也是很划算的。

这款麦克风的长度在5cm左右，玲珑小巧，也适合作为隐藏麦克风使用，用途非常广泛。

这款麦克风的频率特性也十分理想，拾音范围为上下左右60° 的区域，指向性易于操作。由于自带低通滤波器和衰减器，所以无论是大自然的声音，还是高音量的乐器声，这款麦克风均可应对。这款麦克风没有附带减震架，所以需要我们自行准备，可以以1000日元左右的价格在亚马逊等平台购买。

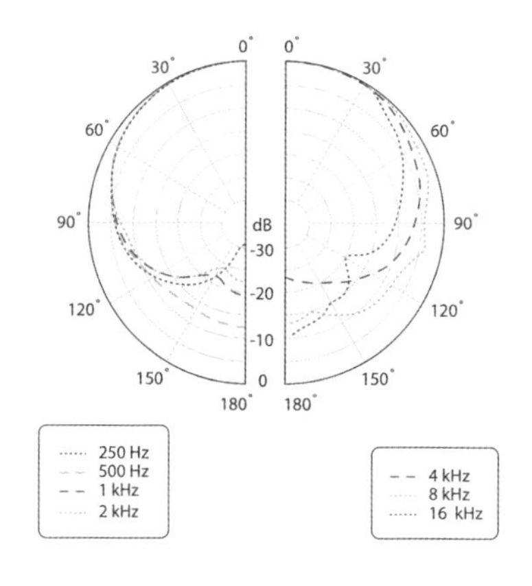

因为这款麦克风包含两支麦克风，所以使用方法多种多样（如可以作为桌面麦克风等）。如果想从现在开始认真开展录音工作的话，这是一款非常优秀的麦克风。

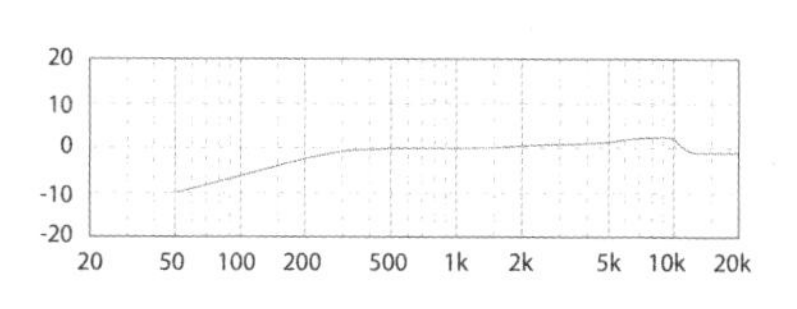

与常用的SENNHEISER MKH416、SENNHEISER MKE600相比，这款麦克风的拾音角度要宽广数倍以上，所以我们在使用时应该离麦克风更近一些。

从麦克风的构造了解其特性

想了解麦克风拥有哪些特性（拾音角度与灵敏度），某种程度上我们可以通过麦克风的构造做出判断。从构造上划分麦克风的话，一般分为五种：①无指向性；②心形指向性；③超心形指向性；④特级心形指向性；⑤双指向性。

划分类别	无指向性	单一指向性			双指向性
		心形指向性	超心形指向性	特级心形指向性	
特性模式					
覆盖角度	360°	131°	115°	105°	90°
灵敏度最低的方向	—	180°	126°	110°	90°
背面的衰减量	0dB	25dB	12dB	6dB	0dB

SHURE 麦克风的种类与指向性（根据 SHURE 品牌网页整理得出）

一般来说，被叫作枪式麦克风的，几乎都采用“超心形指向性”构造。

表格中的“覆盖角度”指的是在普通的录音中音质不会发生变化的适用范围。超心形指向性的麦克风覆盖角度大概为115° ，也就是说从正侧面或后方录音的话，音质能够保持在同一水平上。不过严格说来，由于频率特性会发生改变，所以如前面所述，覆盖角度在前方60° 左右的麦克风，拾音范围都是不错的。

不管怎么说，从麦克风的构造中我们可以判断出大致的拾音角度，以及麦克风后方的灵敏度。

麦克风的灵敏度用负值表示

接下来，我讲解一下麦克风的灵敏度，其类似于相机的感光度。与摄影的世界不同，没有一个简单的单位可以来表示麦克风的灵敏度，什么样的麦克风拥有什么样的灵敏度，我们往往很难得知。当然，也有表示麦克风灵敏度的正式单位，不过只有几种。总之，挺难理解的。

麦克风的灵敏度是用数值来表示麦克风录下规定信号（1kHz、1Pa的正弦波）时会产生多少毫伏的电压。由于电信号太难理解，所以通过比较输入声音的大小来考虑声音在多大程度上衰减了，这样理解麦克风灵敏度。虽然也存在其他的方法，但是我们先用最容易理解的方式进行解说。

麦克风灵敏度的最大值是0dB，一般用负值表示

像枪式麦克风等电容式麦克风，灵敏度非常高，用数值来表示的话，大概为-30dB。声音在没有衰减的情况下是0dB，-30dB则表示声音衰减了30dB（变成负值）。

像卡拉OK麦克风等动圈式麦克风，灵敏度在-60～-50dB之间。也就是说，卡拉OK麦克风比枪式麦克风的灵敏度低了20dB左右。顺便说一下，降低的这20dB代表的是大声说话和小声说话的区别。

ZOOM F8n的音量电平表。
0是最大值，刻度前省略了负号。
0上面的记号表示的是超出了音量（发生了破音）

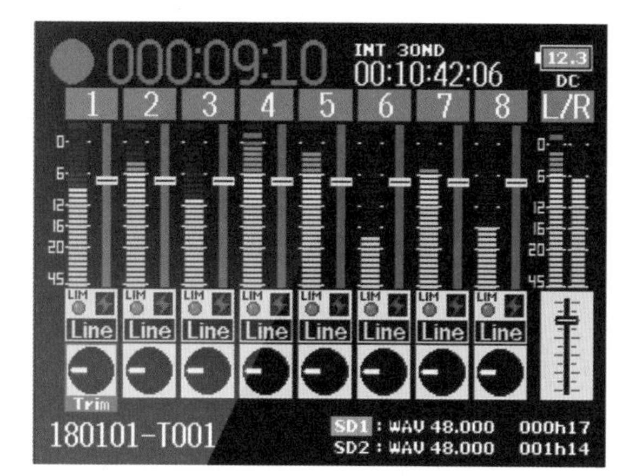

高灵敏度不代表高性能

麦克风的灵敏度是不是越高越好呢？这类似于相机的感光度。请想象一下我们拥有一台ISO1600的固定相机，然后在晴天的室外使用它，我们该如何调整光圈呢？

麦克风分为高灵敏度麦克风与低灵敏度麦克风。

低灵敏度麦克风的典型代表就是声乐麦克风（如卡拉OK用的麦克风等）。即便周围有鼓声、吉他声等非常大的声音，低灵敏度麦克风也可以只录到集中在麦克风头5cm左右的声音。

也就是说，低灵敏度的麦克风可以减少周围的杂音，只拾取麦克风附近的声音。换句话说，麦克风的灵敏度与录音距离有着密切的关系。低灵敏度的麦克风也可以叫作近距离使用麦克风。

和相机的感光度一样，很多麦克风虽然灵敏度高，但同时也会录下许多噪声。为了减弱这些噪声，我们需要调低音量，实质上是降低了执行灵敏度。

总而言之，即便看到商品目录上的麦克风的灵敏度数值，我们也无法判断其性能好坏。因为噪声是怎样的非常关键，这与相机的感光度相似。

麦克风的杂音是什么

我想大家都知道相机感光度与噪点之间的关系。一般来说，提高相机的感光度，噪点也会随之增多。

麦克风也是如此，有的麦克风虽然灵敏度高，却会出现很多噪声。越便宜的枪式麦克风，噪声往往越大。特别是需要电源的电容式麦克风，所用的内部元件的品质与噪声的大小有着直接的关系。

麦克风的信噪比是什么

信噪比（S/N）表示麦克风噪声量，即Singal与Noise的比值，也是用dB来表示的。数值越大，代表噪声越小。低性能麦克风的信噪比为30～40dB，高性能麦克风的信噪比为60～90dB。

麦克风的噪声指的是“嗞嗞”的电流声。信噪比为30dB的低性能麦克风表示的是多大程度的噪声呢？当我们调到合适的音量时，听起来就像有–30dB的噪声（这种说法有点粗暴）。–30dB的噪声，大致相当于在安静的房间里，空调发出的响声。也就是说，我们能够听见这种声音。专业麦克风的灵敏度为–60dB，通常是听不见声音的，将音量调至最大才能隐约听见噪声（反而可能先听见混音器的噪声）。

连接上摄像机，无法判断噪声来自何处

将麦克风连接上摄像机后，用耳机去听的话，会听到“嗞嗞”的声音。

这个“嗞嗞”声就是电流噪声，产生源头有三种，分别是：

①麦克风；②摄像机的麦克风扩音器；③摄像机的耳机扩音器。

因此，用监听耳机等设备去听摄像机声音的话，很难判断噪声来自何处，这点需要多多注意。

顺便说一句，有的专业的混音器的信噪比为90～105dB，几乎没有噪声。如果将这种混音器连接麦克风，就可以判断麦克风的噪声来自何处。

什么样的信噪比是令人满意的

30dB的噪声，就会让人感觉周围的环境相当嘈杂。不过，近年来数码技术不断发展，通过剪辑可以轻松地去除这些噪声，只是需要花费些时间。

如果信噪比在60dB左右的话，可以不经过加工直接使用。但问题是，如果录下来的声音太小，剪辑时一旦调高音量，就会听到噪声。

高性能的麦克风的信噪比为70～90dB，噪声十分小。如果使用这类麦克风，即便现场录下来的声音很小，后期剪辑时提高音量噪声也不会变大。

不管怎么说，即便是高灵敏度的麦克风，有的会产生噪声，有的则不会。如果麦克风的信噪比在65dB以上的话，在实际应用中就不必担心了。

环境杂音在–45dB左右

给人声录音时，如果提前设定好了麦克风的最佳位置及音量，我认为在办公室等室内环境里杂音应该控制在–45dB左右（这里的“–45dB”指的不是噪声等级，而是混音器的刻度读数，数值仅供参考）。否则，若麦克风的杂音（信噪比）为30dB的话，“嗞嗞”的电流声就会高过室内的环境音，麦克风将无法再进行工作。

不过，如果进行音乐的实况录音，由于声源的音量（声压）较大，我们就不会注意到噪声了。总而言之，噪声的大小也与麦克风的使用方法有关。

实际灵敏度是信噪比的乘法

前面在说明麦克风灵敏度的时候提到如果噪声过大，为了减小噪声，我们必须降低音量。比如，灵敏度为–30dB、信噪比为45dB的麦克风，如果想要达到听不见噪声的效果，即麦克风的信噪比为60dB，我们需要降低音量（降低15dB），那么灵敏度就会变成

–45dB。如果将噪声作为基准来考量的话，我们就能得出实际的灵敏度。换句话说，即便商品目录上记载的麦克风灵敏度很高，但如果其信噪比不高的话，实际的灵敏度也会很低。

麦克风的音质是什么

接下来，我们来讲解一下好的声音。

虽然比较复杂，但是音响技术上有一套明确的标准。

这套标准与我们用耳朵去判断是不是好声音不同，我们先从音响技术开始了解。

忠实拾取声源的麦克风就是好的麦克风

我们先来说一下测试麦克风性能的方法。声音是由大小（声压）和频率成分构成的。用照片来类比，就是亮度与色彩。如果你有冲洗照片的经历，说不定也会知道再现曲线。对准灰卡进行拍摄，根据黑色是否显示为纯黑、白色是否显示为雪白、中间几个级别的灰色是否能够被等间隔地再现出来，以此来测试相机镜头、胶卷性能及显影的最佳合适度等。

在声音上我们利用白噪声来测试麦克风的性能。白噪声指的是在同一声压下将（人们能听得到的）所有频率的声音混在一起后的声源。

用麦克风录下白噪声后再去观察麦克风的频率成分，我们就能知道麦克风的性能（性质）。分析频率成分的方法有多种，但一般使用FFT（快速傅里叶变换）波形，通常我们将这种图表的形状称为频率特性，类似于数码照片上的直方图。从低音到高音，白噪声都会保持在同一水平。如果是理想的麦克风，FFT波形就会十分平坦。波形越平坦，就说明麦克风就越忠实于原声。

专业人士使用的经典枪式麦克风SENNHEISER MKH416具有非常平坦的频率特性。也正因为这一点，这款麦克风才会大受欢迎。另外，Behringer公司的C-2的频率特性与前者相比，大概从300开始下降，也就是说，这是一款低音较弱的麦克风。虽然C-2在电视等场合用起来十分方便，但如果用在电影上，男性的声音听起来会不太好。不过，后期通过剪辑调高低音部分，也能变成非常优质的声音。

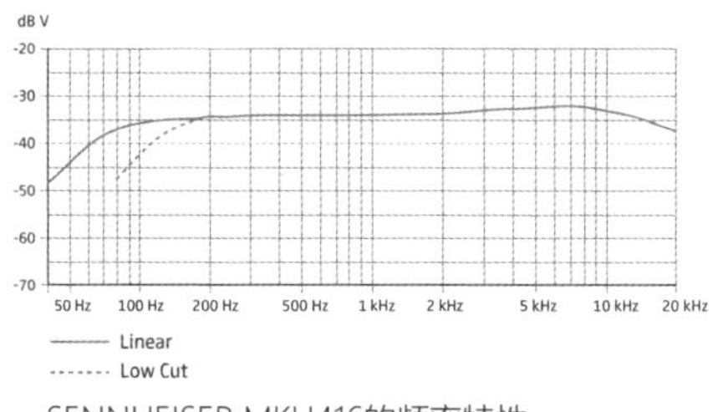

SENNHEISER MKH416的频率特性
（图示来自品牌目录）

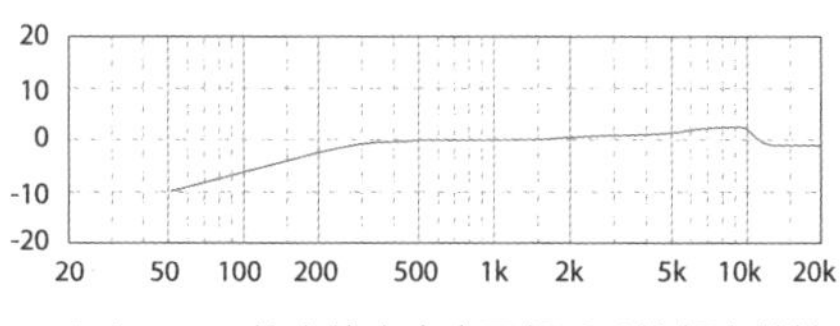

Behringer 的立体声麦克风组 C-2的频率特性
（图示来自品牌目录）

那么，是不是频率特性平坦就代表声音好呢？其实不然，这与维尔维亚胶卷就是好胶卷、柯达胶卷的色彩肯定好是同一个道理。后期的修音也是影响音质的重要因素，与修音相关的事情是一个有趣的世界，这样说或许更合适一些。

不管怎么说，如果懂得了如何查看频率特性图，我们就能知道麦克风所具备的性能与特点。

例如，从SENNHEISER MKH416的频率特性图上可以看出，平均10 000Hz的频率变化才会带来音量上数dB的上升。即便人耳能够听见这一音量的声音，也很难听清。虽然基本上听不清，但是这种程度的音量会给人带来心理上的影响，成为让声音听起来有更加真实的原动力。

为了测试麦克风的频率特性，存在一种作为基准的测试麦克风，这种麦克风的频率特性非常平坦，不过信噪比不是很理想，有时无法应用在电影等场合。

如果麦克风失焦的话，频率特性就会发生改变

本书第1章中提到过麦克风的焦点。实际上如果麦克风失焦的话，频率特性就会发生变化（一般会变差）。用声音方面的术语来说的话，具体表现为“声音变细”。声音变化的程度因不同的麦克风而不同，还会受到麦克风指向性的影响。

具体来说，如果指向性麦克风失焦（偏离麦克风中心），音量和音质（频率特性）都会发生变化。另外，偏离中心的声音有时会是悦耳的声音，有时会是刺耳的声音。在电影中，即便是失去焦点的声音，只要不让人感到违和都没有关系。我们多次介绍的SENNHEISER MKH416麦克风，失去焦点的声音也十分自然，能够给人一种淡淡的距离感。总而言之，通过改变麦克风的角度，我们可以让声音表现出一种或近或远的感觉。

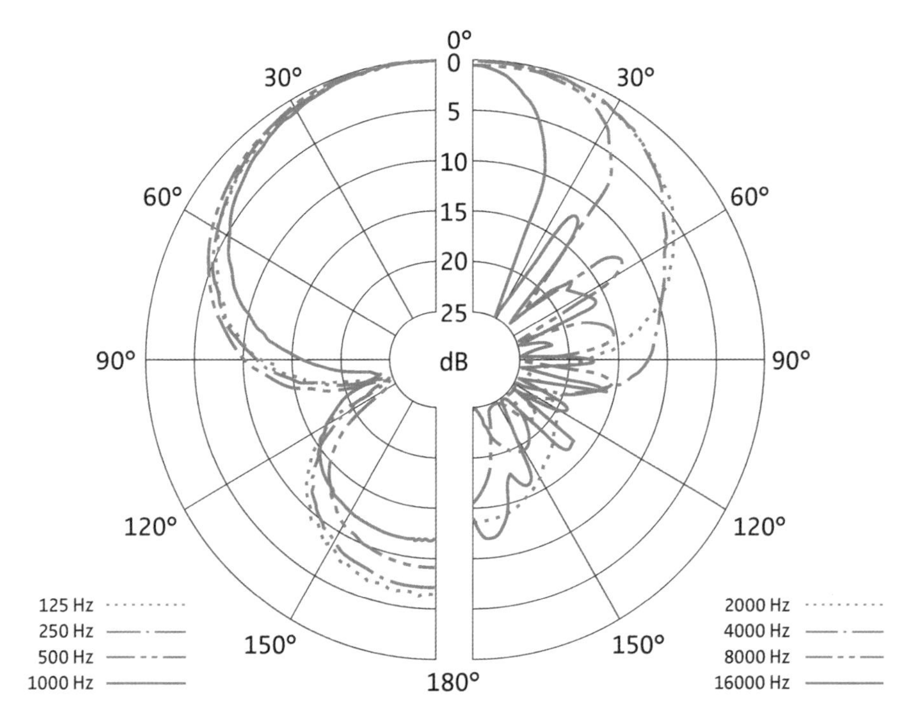

SENNHEISER MKH416的指向性图

上图为SENNHEISER MKH416的指向性图。我们曾在第1章举过这个例子，与麦克风的正面相对，这张图表示的是麦克风四周的灵敏度。线条越往内部收缩，声音就会变得越小。另外，上图的左右两侧，左侧代表125～1000Hz，右侧代表2000～16 000Hz。作为补充说明，为了能在上述这张图上表示出不同的频率，左右两侧变成了不同的形状（频率）。不过，本来不同的频率左右两侧的形状就是不一样的。并不是说左侧表示高灵敏度，右侧表示低灵敏度。

由上图可知，在麦克风左右两侧20° 的范围内，无论频率是多少，麦克风的灵敏度基本上没有发生变化（只有在人耳听不见的16 000Hz发生了较大的衰减）。人听到的声音频率范围为100～1000Hz，虽然声音变小，但到了麦克风后方（上页图中120° 的位置）时，音质都没有发生变化（所有频率都以相同的比例衰减）。声音频率在1000Hz以下时，即便音量下降，音质也不会发生变化。

从偏离麦克风中心的瞬间开始，高音成分（上页图右侧的2000Hz以上）有极大的衰减。因此，严格来说，只有麦克风的正面才能忠实地反映出原声，在实际应用范围内（通过电视机的扬声器或耳机能够听到声音的程度），忠实于原声的只有麦克风左右20° 的区域。

不过，从录制人声的适用范围来说，在麦克风左右两侧30° 能保证音质不发生变化。例如，两位演员面对面交谈时，双方与头顶上的麦克风形成的夹角就是30° 。

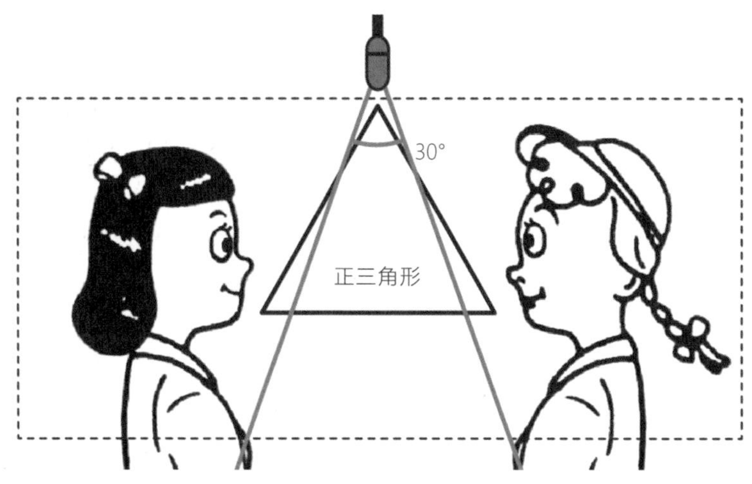

当麦克风的位置与演员们的位置连接形成锐角等腰三角形时，我们就能录到好的声音。不过，若是形成了比正三角形更为扁平的形状（钝角等腰三角形），音质就会下降

在上图中，当麦克风的位置与演员们的位置连接形成正三角形的时候，就能达到合适的音量与音质。不过，枪式麦克风的最佳拾音范围是从麦克风正前方到两侧40° 的范围，因此最好双方都处于这个范围之内。专业的录音人员会根据演员是否要说台词而改变麦克风的位置与朝向，将说话者纳入这一范围。

接下来，再稍微讲解一下关于音质的问题。声音在麦克风侧面90° 内都会发生同等程度的衰减，高音会发生大幅度的衰减，几乎消失不见。换句话说，麦克风侧面的音质会发生变化。

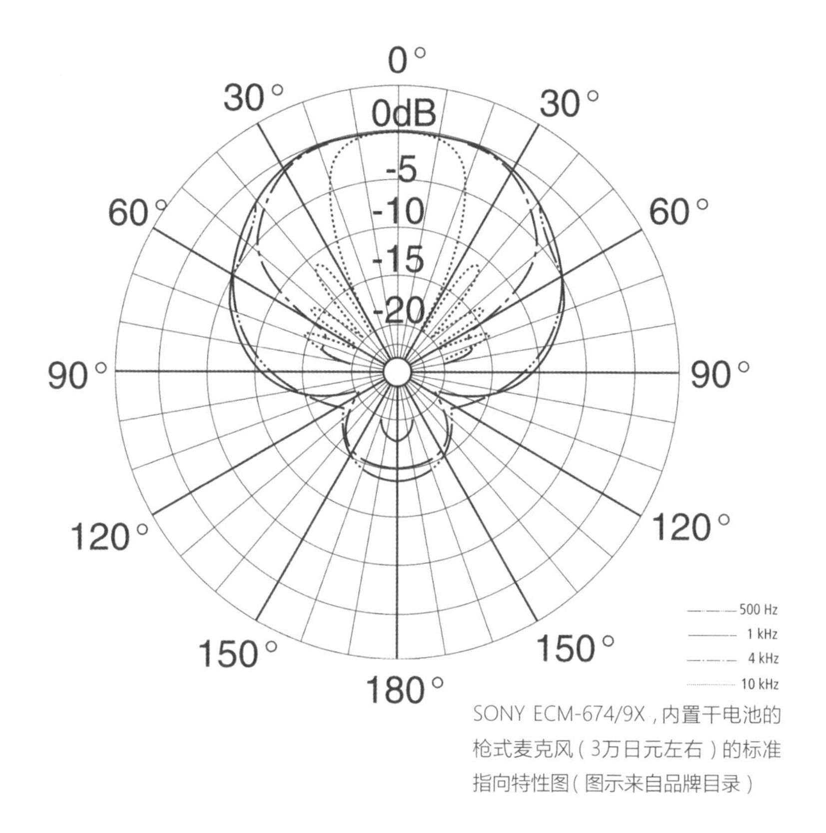

SONY ECM-674/9X，内置干电池的枪式麦克风（3万日元左右）的标准指向特性图（图示来自品牌目录）

SONY的ECM-674/9X，由于内置干电池，所以可以直接连接摄像机等设备。与SENNHEISER MKH416相比，这款麦克风的指向性更强一些，除此之外基本上没有太大的差别。

实际上，除了厂商之间的差异，麦克风构造上的不同在一定程度上也决定了拾音角度。无论是SENNHEISER MKH416，还是SONY ECM-674/9X，这两款麦克风都具备超心形指向性的构造。麦克风正前方的灵敏度越高，侧面的灵敏度就越差，从麦克风正前方到斜后方的灵敏度会下降好几度，而正后方的灵敏度则会稍稍变高一些。

专用麦克风

有适合人声的麦克风，也有适合乐器的麦克风。例如，声乐麦克风就是专门对人声进行特别处理的调音麦克风。在周围响起乐器声的情况下，声乐麦克风拥有能够清晰拾取人声的拾音角度（指向性）与频率特性。

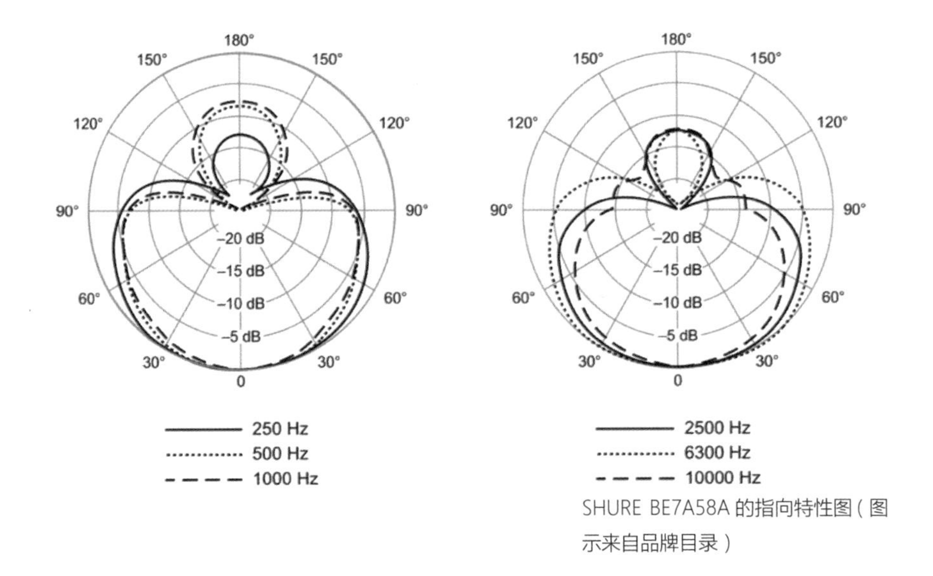

SHURE BE7A58A 的指向特性图（图示来自品牌目录）

上图是声乐麦克风SHURE BETA58A的指向特性图。这款麦克风的方向与SENNHEISER MKH416正好相反，枪式麦克风是面朝对方使用的，而声乐麦克风是面朝自己使用的。

使用SENNHEISER MKH416的情况下，在麦克风120°（也就是麦克风后方）的范围内，任何频率的声音都会发生同一程度的衰减。而SHURE BETA58A在前方30°时音质就会发生变化（各个频率的曲线开始偏移）。也就是说，这款麦克风在偏离中心的瞬间，音质就开始发生变化。

SHURE BETA58A也是超心形指向性麦克风。

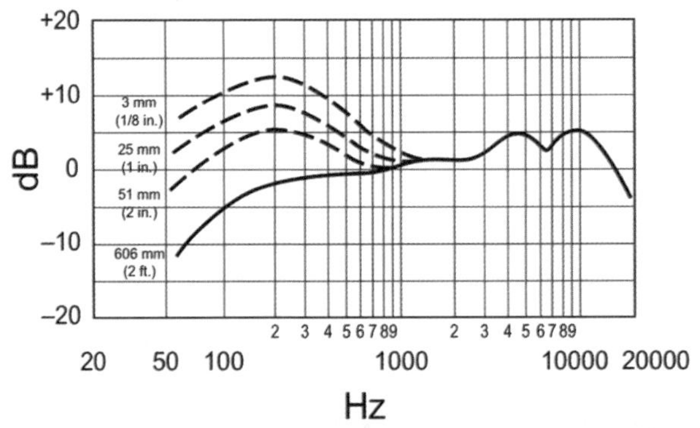

SHURE BETA58A 的频率特性（图示来自品牌目录）

从频率特性来看，SHURE BETA58A是一款特征鲜明的麦克风。SENNHEISER MKH416的频率特性几乎是一条直线，而这款麦克风的高音部分比较突出（3000～10 000Hz），低音随着麦克风的距离发生较大的变化。换句话说，距离在3～50mm内低音得到增强，在600mm内频率特性变得平坦。也就是说，靠近麦克风后，歌曲的低音片段的低音增强了。若是想要声音听起来像女高音那样清亮，只要尽可能地拉远麦克风就可以（降低低音后可以变成清晰的高音）。歌手前后移动麦克风的动作就是利用了麦克风的这一特性。这款麦克风还有其他用途，如你想在旁白中发出低音，只需将嘴靠近麦克风说话就可以。

总之，使用什么样的麦克风要根据录制什么样的声音来决定。

到底什么才是好声音

那么，好声音到底是什么样的呢?

如果给男性歌手录音，选择麦克风的时候会觉得这款不错，那款也不错，往往会变成根据喜好选择麦克风的问题。但是，如果我们知道麦克风的特性，那么即便用同一款麦克风，也能创造出不同的声音。

现实中，电视剧、电影或采访中使用的麦克风基本上都是固定的，而平时我们在电视上、电影院里听到的声音，就是那个固定的麦克风输出的声音。如果对音质感到困惑的话，可以购入前面提到的经典麦克风，好好利用它创造出自己喜欢的声音，这才是正确的做法。

麦克风的频率特性

我们再从技术层面深入讲解一下麦克风吧。

前面已经讲解了麦克风的灵敏度和频率特性，这里我们来讲解一下麦克风录音的频响范围。

30～20 000Hz的实际应用范围

不同的麦克风，能够进行拾音的频响范围也不同。

（可以重现不同频率下的麦克风灵敏度）

【几乎所有的麦克风都能拾取100～20 000Hz范围内的声音】

如果是人声的话，男性的声音在250～500Hz，女性的声音则在400～700Hz。一个人在唱歌时，1个八度相当于2倍的频率，女高音歌手的2个八度相当于4倍的频率，因此最大音量的人声是700Hz的4倍，也就是大约3000Hz。不过，如果是泛音的话，也就是将数倍于基频音的频率混合在一起，形成那个人独特的声音。换句话说，考虑到3000Hz女高音的4倍泛音，如果我们无法录到12 000Hz的声音，那么录下来的声音和现场听到的声音就会不一样。如果想要录制过程安全一点，将频响范围扩大到基音的6倍，即18 000Hz的话，那么声音就会变得自然起来。当然，乐器包含了更高的声音，最近的高分辨率音响设备已经可以录制比这些声音高出数倍的声音了。

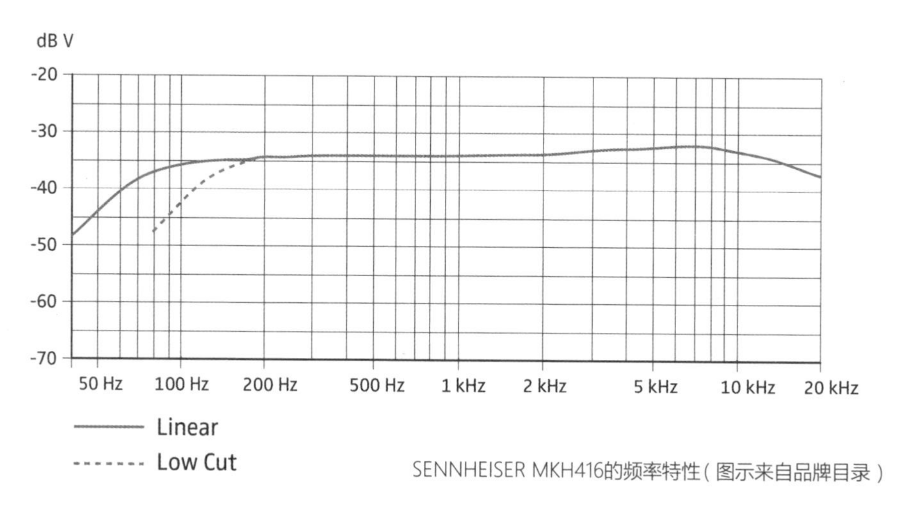

SENNHEISER MKH416的频率特性（图示来自品牌目录）

因此，在一般的录音工作中，如果是专业场合，我们会选择频响范围为30～20 000Hz的麦克风。如果是高分辨率麦克风，则频响范围是一般麦克风的2倍，能够达到40 000Hz。也就是说，如果没有特殊用途的话，使用频响范围能够覆盖20 000Hz的麦克风就足够了。从另一个角度来看，电脑能够处理声音数据的最高频率约为24 000Hz（采样率为48kHz时）。无论是电影还是广播，基本上不会处理比24 000Hz还要高的频率了。

与所用麦克风的频响范围（频率幅度）无关，为了消除操作音（噪声）或风噪声，在实际应用中，我们会利用滤波器削减100~200Hz的低频声音。在电视录制中需要削减200Hz左右的低频声音。在电影中，由于需要灵活使用低音，所以削减100Hz左右的低频。因此，不必过分在意麦克风的低音性能。如果不用来录制鼓或贝斯等低音乐器的声音，我觉得不需要太在意低音能录到什么程度。

廉价麦克风从开始就会削减低音

为了消除手持噪声等噪声，有些廉价麦克风从一开始就会削减低音。此外，摄像机具备“风噪削减”的功能，它里面有一种低通滤波器，在采访等场合可以一直保持开启状态。不过，若低音遭到强烈削减的话，有些低音部分就会变细，变成类似在电话中听到的声音。

不管怎么说，如果是工作中的录音活动，细弱的声音听起来会显得廉价，可能遭到客户的指责。因此，用于工作场合的录音系统，麦克风至少要能够清晰拾取低音（80Hz）到高音（20 000Hz）的声音。

硬的声音·软的声音

当讨论什么样的麦克风是优质麦克风的时候，录音部门常常会说到“硬的声音”与“软的声音”，这如同摄影中的“硬光”与“软光”。

硬的声音是高音清晰的声音

首先来说一下硬的声音。我们一般将高音“强烈”的声音称为“硬”的声音。和光线一样很难一概而论，说得极端一点，硬的声音听上去就像是战争期间的广播声。由于硬的声音较为清晰，所以经常作为新闻影像的旁白使用。采访麦克风发出来的也是硬的声音。不管怎么样，凡是听起来像人工的、机械的声音，都可以认为是硬的声音。当你观看电视节目的时候，试着将记者的采访麦克风的声音与演播室里说话的声音进行比较，我想你大概就能知道声音的软硬差别了。

软的声音是高级麦克风的证明

软的声音是相当复杂的。概括来说，软的声音就是高音不刺耳的声音，也可以说是温柔的声音。高音不强烈且十分清晰，这也与声音的软度相关。

不过，这些都只可意会不可言传。能够表现出呼吸声等微妙声音的麦克风可以说是“柔软的、温暖的”。一般来说，很多售价在十万日元左右的高级麦克风都是这种麦克风。

不管怎么说，听起来舒服的声音就是软的声音，这样想就可以了。

不过，在剪辑中可以实施某种程度的加工

声音虽然有硬和软的区别，但实际上能够通过剪辑进行优化。不过，要让极硬的声音（机械音）变得柔软，这项工作可以说是非常艰巨的。

因此，如果预先使用声音软硬适中的麦克风，那么后期就无须修音了，因为我们能提前知道后面的声音将会变成什么状态。反过来说，专业人员的工作就是给剪辑时所用的麦克风搭配最适合的均衡器。

录音室监听耳机是必备品

在技术解说的最后，我们来说一说观测声音的监控环境。

在摄影的世界里，用于修图或显影的显示器非常重要，这一点相信大家都明白。同样，在声音的世界里，我们也需要标准的监视器来判断什么才是正确的声音。

标准监视器是录音室监听耳机 SONY MDR-CD900ST

我们录音部门使用的是一款被称为录音室监听耳机的专业耳机。几乎所有的录音师使用的都是封闭式的SONY MDR-CD900ST，这款耳机拥有出色的音质，即便在电影院等嘈杂环境中，声音听起来也非常清晰（这样说有点夸张了）。

SONY MDR-CD900ST 是业界的标准监听耳机，拥有 5~30 000Hz 的超广音域，还具备自然卓越的清晰度。售价在 15 000日元左右

非专业人士用的监听耳机，要么是“重低音”，要么是“具备延伸性的高音”，可以理解为摄影上所说的高色彩饱和度。使用这种头戴式耳机，实际上并没有录到低音，听上去却像是录到了。换句话说，如果想避免这样的情况，购入

能够听见无损声音的耳机是非常有必要的。

另外，使用全封闭的监听耳机也是很重要的。如果耳机不是封闭式的，我们在录音现场听到的声音就会和耳机里的声音混在一起，很难听清被录下来的声音。

此外，购买SONY MDR-CD900ST时，我们也可以购买包括螺丝在内的维修零部件。市场上既有维修人员，也有改造人员，如果你会焊接的话，自己就可以对耳机进行维护。另外，还有调音的零部件，我将其改造成了折叠式和全封闭式的耳机。

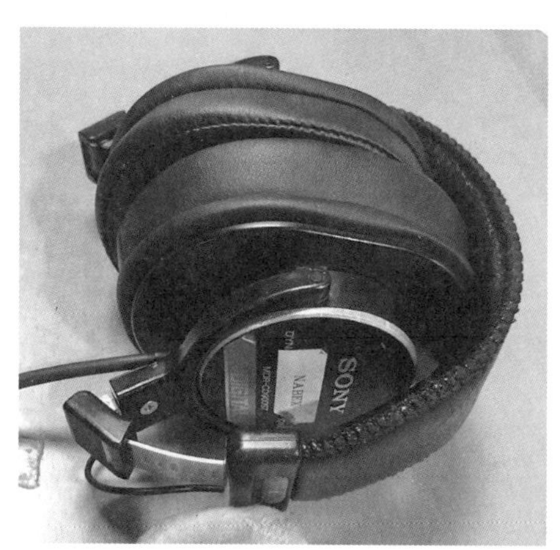

我将 SONY MDR-CD900ST 改造成了折叠式耳机，然后换上了厚厚的耳机护垫。前面的海绵是稳定耳机内部音质的零部件，由于是消耗品，所以需要定期更换

能够听见杂音的监听耳机是必备的

录音室监听耳机的特征之一，就是能够很好地听到微小的杂音。在录音现场，我们往往会因为说话的内容而分散精力，导致出现忽略杂音的情况。但是，如果使用录音室监听耳机的话，就能非常轻松地避免这种情况了。

例如，在远处响起的警笛声等人耳很难听清的声音，借助专业耳机去听往往有声音变大的倾向。因此，我们有必要通过录音室监听耳机来判断这些杂音是否降低到了一定程度。

虽然我们能够利用录音室监听耳机轻松地听到杂音，却无法做到完全消除杂音。关于杂音的音量，我们会在之后的实践篇进行详细解说。

要是有录音室扬声器就好了

在现场我们可以借助录音室监听耳机去听，但在剪辑时我们该怎么办呢？

其实，剪辑时使用录音室头戴式耳机也是没有问题的。不过，在理想情况下应该使用录音室的显示器（录音室扬声器）。

不同的录音室扬声器是有区别的，从音量的大小上可以看出某种程度的性能差。从摄影方面来理解的话，类似于显示器的尺寸差。如果说录音室监听耳机大概具备15英寸电脑显示器的清晰度，那么录音室扬声器则代表更大的显示器，如40英寸的显示器。

与显示器一样，录音室扬声器也是用英寸来区分的：5英寸代表台式显示器（扬声器），5英寸以上就是壁挂显示器等。

在声音剪辑中经常使用的是YAMAHA HS系列，虽然它是功率监控器，但是内置扩音器，可以直接连接电脑扬声器的接线柱或耳机接线柱。不过，最理想的情况是使用像DAC这样可以连接USB的声音输出设备，因为电脑的声音输出设备有时无法输出高音或低音。

在影像剪辑时，我们通常会边听录音室扬声器边完成作品。和视频监视器的校准（调色）一样，调整录音室扬声器的再现性。从录音室扬声器中输出白噪声，然后用测试麦克风进行测试。为了使所有的频率波形都能变得平坦，使用多声道图形均衡器进行校正。

市场上也有那种修正录音室扬声器的测试麦克风与应用程序的组合产品。使用这类组套产品，既能修正录音室扬声器，又能完美地再现声音。

只不过，对于个人工作室，做到这种

YAMAHA HS8是经典的录音室扬声器。如果是自己家中使用的话，选择 YAMAHA HS5也是可以的

IK Multimedia ARC System 2.5，售价在3万日元左右。可以将扬声器的频率波形调节得更为平坦，附带测试麦克风

程度是非常困难的（需要花费金钱），所以其实很多技术人员都会分开调整：借助录音室监听耳机来调整音质；借助录音室扬声器来调整音量。

推荐低价的监听耳机：Panasonic RP-HT40

除了前面提到的专业设备，还有价格实惠且性能强大的音响设备，也能完成同样的工作。

Panasonic RP-HT40的最初售价在1000日元左右，但是据说已经停产了，目前能买到的只有市场库存，售价在1600～5000日元，稍稍有些溢价了。

由于是折叠式耳机，便携性十分突出。这款耳机拥有不输录音室头戴式耳机的绝佳音质，不过要比前面提到的SONY MDR-CD900ST这种封闭式耳机稍差一些，在录音现场使用的时候，需要多费点心思。我将耳机护垫更换成了SENNHEISER同尺寸的监听耳机PX1000的护垫。由于是第三方产品，在亚马逊上的售价大概为700日元。这款耳机护垫与其说是SENNHEISER专用的，不如说只要是直径在50～55mm的耳机都可以使用。

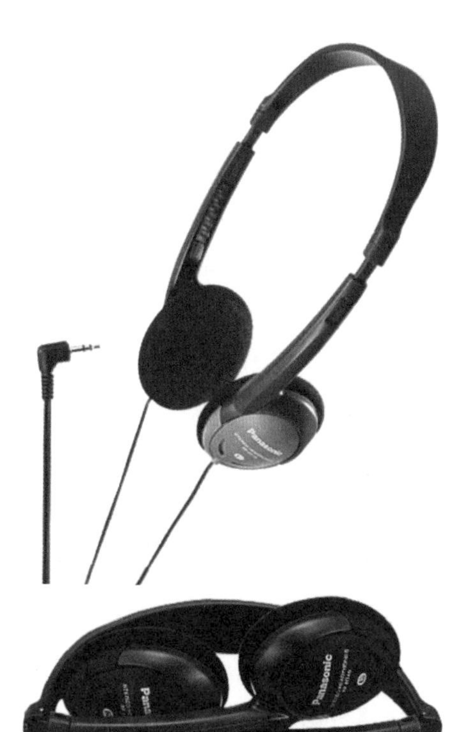

Panasonic RP-HT40
在亚马逊上的最初售价为1000日元左右，拥有录音室级别的音质，改造过后也可以用于现场收音

第三方产品SENNHEISER PX100配套的密闭式耳机护垫，亚马逊售价在700日元左右，直径在50~55mm的耳机均可使用

第2章·讲座

优质麦克风

实践 Practice

第3章·实践

麦克风录音

掌握基本的连接设置

我来讲解一下拍摄时如何设置摄像机端。

外部麦克风的切换

我们要将音频输入切换为外部麦克风。几乎所有摄像机在插上麦克风音频线后都会自动切换到外部麦克风，如果无法自动切换的话，就需要从菜单界面等界面进行变更。

根据摄像机的不同，外部麦克风与内置麦克风可以分配到不同的频道。

设定 LUMIX GH5的 XLR 适配器的外部音频。设为“MIC+48V”的话，就会接入幻象电源

确认麦克风电源

在接入麦克风音频线之前，一定要确认是否需要更换麦克风电源。

外接电源的麦克风有3种类型：需要接入摄像机电源的插入式电源麦克风、需要接入专业的幻象电源麦克风、需要装入电池使用的麦克风（内置电池的电容式麦克风）。此外，还有不需要电源、手持使用的采访麦克风，以及耳麦（戴在头上将麦克风对准嘴部）等动圈式麦克风。

实际上，需要接入外部电源的麦克风才是主流。摄像机可以直接连接插入式电源麦克风，其与3.5mm插孔的耳机接线柱形状相同，后面也会提到这一点。实际上插入式电源麦克风相当复杂，需要使用已经确认过操作的产品。如果接触不良，虽然也能拾取声音，但一般来说音质会很差。另外，使用插入式电源麦克风时，我们也要确认好摄像机端的相关设置。

专业的幻象电源通过XLR接线柱这种三线导线的连接器能提供48V的电压，也是一种具备抗噪性能的装置。详细内容将在混音器的使用方法中说明，专业人士用的都是这类麦克风。

另外，内置电池的电容式麦克风和动圈式麦克风，一般在关闭摄像机端的麦克风电源（幻象电源或插入式电源）的情况下使用。

如果弄错了摄像机的麦克风电源开关，那么有可能损坏麦克风，所以需要格外注意。详细内容请阅读后面关于录音机的内容。

限幅器必须处于开启的状态

接下来，我们将限幅器设定为开启的状态。限幅器的功能类似于摄影中防止爆白的功能。有了限幅器，当大音量的声音进入麦克风时，可以避免出现破音，即限幅器具备在瞬间自动降低音量的功能。限幅器的性能因摄像机而异，不过好的摄像机一般都会自动降低音量，以至于我们无法得知限幅器是否发挥了作

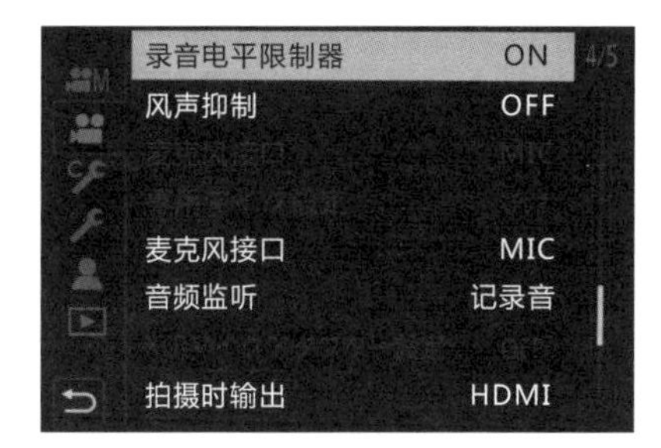

用。性能不好的摄像机，限幅器发挥作用的部分和限幅器没发挥作用的部分，我们能够听出这两者之间的音质差异。如果要形容这种声音的话，类似于声音虽大，却给人一种含糊不清的感觉。

音量设为“自然音量”，从0开始连接

好了，摄像机的内部设定结束了，可以连接音频线了。我们需要将摄像机的麦克风音量键设定为“自然音量”，然后将音量调到0（调到最下面）。虽然不这样设定也不会损坏麦克风，但如果调高音量的话，就会发出巨大的“咔嚓”声，有时会吓人一跳。

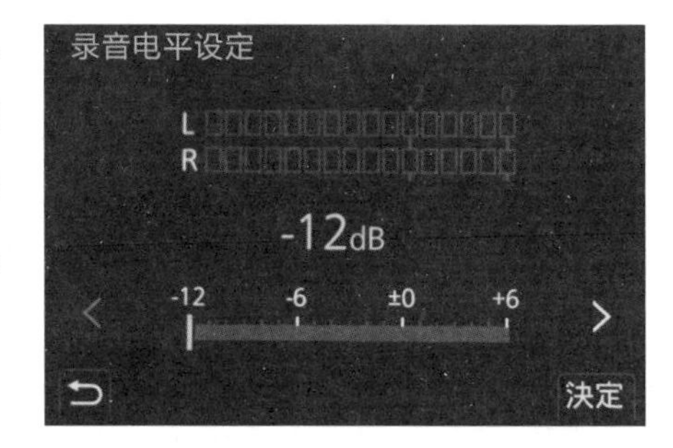

绝对不要使用自动增益控制功能

摄像机具备“自动增益控制”（AGC）功能，可以自动调整音量。这个功能虽然便利，但我们基本上不会使用。这是因为如果使用自动增益控制功能的话，人们不说话时音量也会提高，导致背景噪声听起来会很大，剪辑时想要去除这些噪声会变得十分麻烦。

如果在几乎没有环境噪声的房间，那么使用自动增益控制功能是很有效果的，它会让声音听起来十分清晰。但是，这样的场所几乎是不存在的，因此我们一般会关闭自动增益控制功能。

有的摄像机也会标记成 ALC（Auto Level Control，自动电平控制）

如何决定音量电平

接下来，对音量的各种设置进行解说。

录音和摄影一样，也有类似于曝光的东西。就像为了得到适当的曝光而需要选择光圈、快门速度一样，录音设备也需要进行合适的设定。摄影与摄像都需要进行影像监视器的校准，声音也是一样的，在不同的现场需要调试输入声音的音量及耳机的音量。

在此，我来介绍一下设置（校准）步骤，先总结一下要点。

1. 根据环境音，将麦克风的音量调整到音量电平表的最下面。
2. 在这种状态下调整耳机的音量，达到能够隐约听见环境音的状态。
3. 配合被摄体来设置麦克风，一边听取实际的声音，一边微调麦克风的音量。

接下来进行详细解说。

设置（校准）方法

【录音设置的顺序】

1. 根据录音环境来调整麦克风音量。
2. 调整耳机音量直到能够隐约听清环境音。
3. 根据被摄体调整麦克风的音量。
4. 声音小的时候改变麦克风的位置。

【1. 根据录音环境来调整麦克风音量】

首先，根据录音现场的杂音大小（也就是环境音），一边观察音量电平表，一边调整麦克风的音量，将麦克风放在摄影时设定好的位置。

一边观察音量电平表，一边操作麦克风，使环境音在音量电平表上的读数为–36dB左右（–45 ~ –30dB）。如果音量电平表没有刻度值的话，那么直到最下面的一两个刻度闪烁或消失就可以了。

【2. 调整耳机音量直到能够隐约听清环境音】

接下来，将耳机音量调整到能够隐约听到环境音的程度（相较于实际声音，能够更清楚地听见从耳机传来的背景音）。也就是说，将音量电平表设定为即将出现反应的程度，调整耳机音量，直到耳朵能够隐约听见这一声音。

以相机为例，即便在合适的曝光下，如果显示器的亮度过高，看起来也像是曝光过度。录音设备也一样，即便麦克风的音量（曝光）适中，但如果耳机的音量（显示器的亮度）太大，声音就会太大。在工作现场，新手们经常会犯这个错误，他们用耳朵边听边调整音量，没有注意到其实是耳机的音量过高了，还以为是耳机里的声音太吵，所以又去降低麦克风的音量，最后导致调音失败。

因此，要通过耳机来调整到合适的音量。通过环境音来调整录音设备的音量，使耳机能够听到录音的可听范围的下限（音量电平表最下面出现反应）。换句话说，如果音量电平表一直在运作，那么这个声音肯定能通过耳机听到。如果环境音听起来异常清楚，说明耳机的音量过大，如果完全听不见环境音的话，说明耳机的音量过小。不过，不同的人对声音的敏感程度不同，有的人敏感一些，有的人迟钝一些。耳机的音量，从环境音到被摄体的最大音量，全部都能听到才是重中之重。因此，录音设备的音量要设定得比一般状态的音量更大（为了不漏听杂音）。

通过上述操作调整好的耳机音量，在摄像过程（摄像机正在运行的时候）中切忌改变。如果改变了耳机音量，我们就无法得知声音的“合适曝光”了。

只不过，这里稍微用了点专业技巧，不同场地的环境音会有所不同。在环境音较大的地方，如果将耳机音量调得过低，不但听不到环境音，而且作为主角的人声也会变小。这样一来，从耳机端进入的实际声音与通过混音器的声音混杂在一起，声音就会变得很难听清了。

若是碰到这样的场合，首先慢慢调高耳机的音量，使通过混音器的声音音量稍稍大于环境音。当然，主角的声音也会相应变大，需要让耳朵适应这个音量。实际上，如果使用的是完全封闭式的耳机，实际声音的影响也会变小，环境音也会降低到能够隐约听见的程度。总之，我们需要一边用耳机去听环境音，一边将麦克风的音量调整到能够听清主角声音的程度。

【3. 根据被摄体调整麦克风的音量】

确定好耳机音量后，接下来就是配合被摄体来调整麦克风的音量。

首先保持与环境音相符的麦克风音量，然后去听一下被摄体的声音。也许被摄体的声音听起来有些大，但是我们有必要习惯这种状态。所谓的声音监控，就是通过自己的耳朵去确认能够听到的最小限度的声音，到即将出现破音的最大限度的声音。

大多数情况下，如果是在安静的房间，且在上述的麦克风音量下，我认为声音的大小正好合适。如果因为声音小而提高麦克风的音量，背景杂音（环境音）也会变大，这就需要注意了。

这和因为人物面部昏暗而打开光圈，导致画面上出现黑点的情况是类似的。如果只想让人物面部的区域变亮，那么应该改变现场的灯光。

【4. 声音小的时候改变麦克风的位置】

声音小的时候，请注意不要单纯地提高麦克风的音量，可以试着调整麦克风的位置。具体的调整方式，我将在后面总结说明。

下面先来讲解一下音量电平表的读法吧。

音量电平表上的数值与颜色的含义

声音的“合适曝光”是多少呢？换句话说，人的声音在音量电平表上应该达到什么程度才合适呢？音量电平表上标有数值，最大值为0，标准值为–12和–20。

有些摄像机不标数值，而用颜色区分。对于大多数摄像机与混音器来说，–12dB以上显示黄色，–6dB以上就会变成红色等警示色。下面的音量电平表在–12～–6dB时是黄色的，在–6dB以上则会变成红色。

另外，只有刻度线没有数值的摄像机也不在少数。如果只有一条刻度线的话，那么代表的应该是–20dB（不同的摄像机会有所差异）。这样的摄像机是无法判断声音大小的，所以我建议大家尽可能搭配使用后面讲到的录音机。

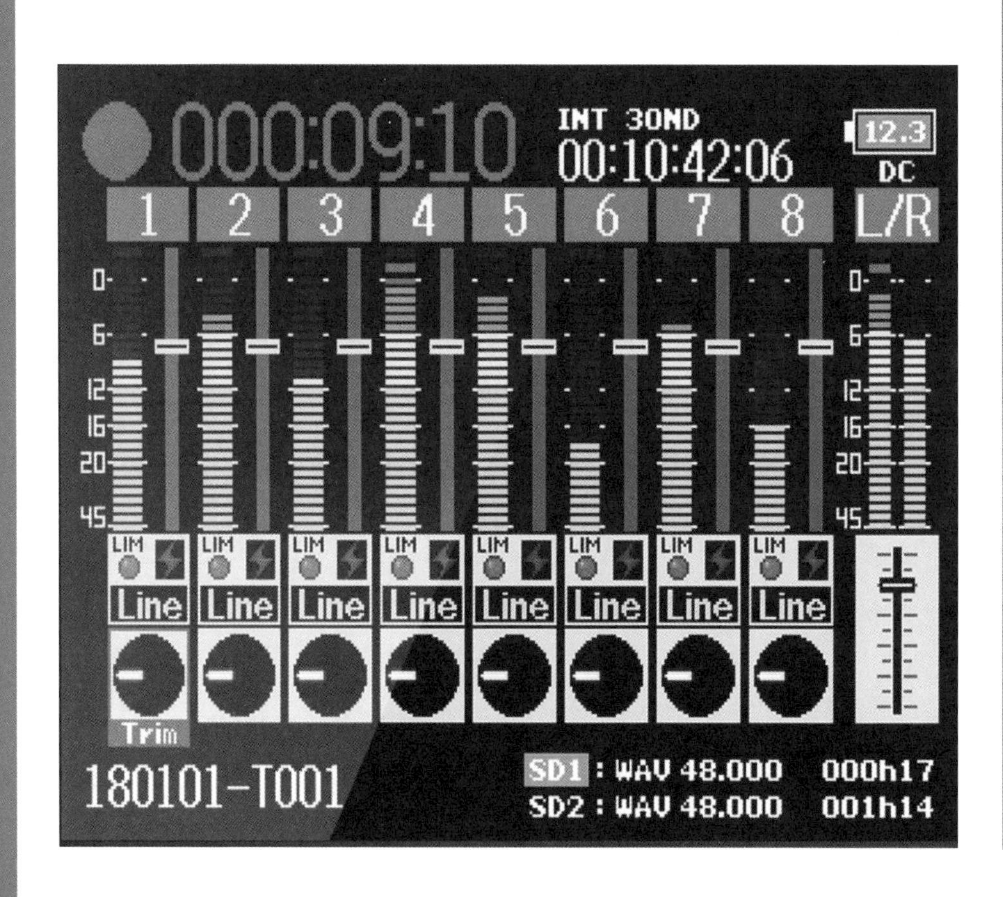

人声在-12dB左右

接下来讲解如何调整麦克风的音量。音乐与除此之外的录音，作为基准的刻度是不一样的，这里以影像的基准来说明一下。

首先，音量电平表上的-12dB表示的是容易听清的声音的中间值，-20dB表示的是容易听清的声音的最小值。也就是说，调整音量，使其在-20～-12dB。当然，环境音可以在更低的水平下进行录音，而爆破音的范围更大一些，在-6～-3dB。但是，如果将最大音量调到-3dB左右的话，在一些老电影院放映时的声音就会变差，所以我们也要把握好分寸。

根据颜色来区分的话，如果想要音量电平表的颜色变为黄色（-12～-6dB），我们可以调整麦克风的位置。如果是在安静的场所，那么可以通过调整麦克风的音量来调整声音的大小。但是，如果是在嘈杂的场所，一旦提高麦克风的音量，背景噪声也会随之变大，这种情况下如果感觉声音不够大的话，就把麦克风靠近被摄体，详细内容将在后面说明。

通过麦克风音量与麦克风位置来调整音量

在此总结一下前面讲解的内容。

首先，根据环境音将麦克风的音量调整到音量电平表上低于-36dB的状态，然后去调整耳机的音量，这些操作都是为了校准。

为了让人声达到-12dB，我们需要调整麦克风的位置。麦克风靠近被摄体的话，声音就会变大；远离被摄体的话，声音就会变小。不过，如果麦克风离被摄体（人的嘴部）太近，声音会变得很粗，好像那个人就在你耳边说话；如果麦克风离被摄体太远，回音又会变强。因此，我们要在麦克风的拾音范围内寻找到声音大小适中的位置。

如果能够掌握这一点，即便不改变麦克风的音量，也能录下来清晰明亮的声音。

声音最重要的“合适曝光”是什么

在实际的录音过程中，如果是环境音很大的场所，想要只录制上人声是非常困难的。我们会在下一章讲述无线麦克风的使用方法，如果为录音感到苦恼的话，最好的选择就是使用无线麦克风。像枪式麦克风就是一种极其复杂的麦克风，为了能够让声音得到合适的“曝光”，只能请专业人员来操作，否则拍摄现场就会出现许多失误。

什么是“合适曝光”呢？相信这一点摄影师们应该都知道。“合适曝光”的关键就在于即便能够听到环境音，环境音也不会显得太过突出。用照片来理解的话，环境音就相当于阴影部分，如果只是一片“死黑”，那就什么也拍不下来了。声音也是这样，在“死黑”的状态下是无法听到其他声音的。实际上“死黑”的范围在播放环境中也会发生变化。如果从摄影的角度来理解的话，就相当于是用监视器看画面，还是打印出来看。如果用手机播放的话，微小的声音就会遭到破坏，导致无法听见；如果用耳机听的话，就会从“死黑”变成“阴影”，我们就能听到环境音了；但如果是在剧场的话，我们会听得更加清楚。

被摄体声音与环境音的音量差非常重要

这里需要强调的是被摄体声音与环境音的音量差。如果有足够的音量差，即使出现环境音也不用在意。如果被摄体的声音与环境音都很小，也就是音量差很小，声音就会变得不清晰，观众们就会集中注意力认真听，从而也会开始在意环境音了。

理论上基本就是这样。实际上，如果将被摄体声音在达到-12dB左右时录下来，那么环境音的音量需要比被摄体的音量高出20dB，这一点是很重要的。也就是说，如果不想让别人听到环境音的话，就要加大被摄体声音与环境音之间的音量差（相差20dB以上）。

像电影那样需要环境音的场合，调整被摄体声音与环境音之间的音量差也成了一种表现手段。

这里讲解一下分贝（dB）。直观来看，只要两个声音的音量相差4dB，我们就能明显感觉到音量差。如果两个声音的音量相差8dB的话，我们就能感觉到大声与小声的差别；如果两个声音的音量相差12dB的话，我们就能感觉出一方是被摄体声音，另一方是环境音（即便同样都是人声）。如果音量差有20dB，那么我们几乎听不见一方的声音；如果音量差超出20dB，那么一方的声音就会接近无声的状态（如果被摄体的音量是-12dB，那么环境音的音量是-32dB）。

专业人士利用耳朵来判断音量差

通过读取音量电平表的数值，得出被摄体声音与环境音两者之间的音量差，可以制造出声音的“合适曝光”。但是，实际的录音现场，人的声音有时会突然变大，有时又会变小，如果只观察音量电平表的话，录音工作是很难顺利进行下去的。

为此，专业的录音部门通常会利用耳朵来区分被摄体声音与环境音。这里很重要的一点就是借助麦克风是难以区分出被摄体声音与环境音的，具体情况我会根据不同的场合进行说明。

这样来判断麦克风的最佳音量

下面来说一下如何具体调整麦克风的音量吧。

音质不同造成音量电平表的读数有差异

一般我们是一边查看音量电平表的读数一边来调整音量的。不过，根据音质的不同，有时明明音量电平表的读数没有显示上升，声音听起来却很大；有时音量电平表的读数明明显示上升了，声音听起来却很小。总而言之，音量电平表的读数只不过是一个参考值，最终还是要靠人耳来判断并调整音量的。在判断声音大小这件事情上，耳机的音量发挥了重要的作用。因此，我们要设定合适的耳机音量。

一般以能够听到环境音为基准

在实际录音过程中，即使按照之前所讲的去调整麦克风的音量、调整耳机的音量，有时也还是会失败。

首先，在没有人说话的情况下去听环境音。为了让环境音达到–36dB左右，调整好麦克风的音量后再去调整耳机的音量，直到能够隐约听见环境音，这是基本的设定。

然后，在这个状态下寻找声音能够达到–12dB左右的麦克风位置。如果处在麦克风的拾音范围内，基本上可以达到这一水平。实际上，人们会根据环境音无意识地改变声音的大小，如果配合环境音预先调整好麦克风音量的话，我们就能调到合适的音量。

不过，这与环境音无关，如果演员演得不好的话，他们会把自己的音量降低到自己容易交流的状态，要么声音特别小，要么声音特别大。在这种情况下，调整麦克风的音量显得十分必要。但是，一旦提高麦克风的音量，在人声变大的同时环境音也会变大。也就是说，在环境音较大的场所，只调整麦克风的音量是行不通的，这一点请大家做好心理准备。为了应对这种情况，有三种方法：①改变麦克风的距离；②改变麦克风的种类；③接受音质的下降，然后利用均衡器等滤波器掩饰过去。具体的做法我会在“在嘈杂的场所该怎么办呢”这一节来说明。

以环境音为基准去听听声音吧

我再来重复一遍，为了让人声能够变成-12dB，我们可以调高或降低麦克风的音量。降低音量（声音过大）的情况倒还好，如果因为声音过小而必须提高音量，这时就需要格外注意了。

前面已经说过，调大音量的同时环境音也会随之变大。也就是说，如果调高麦克风的音量，就会变成在噪声中去听声音。如果你在背景音很大的地方拍摄，将麦克风音量调整到-12dB，然后利用音量电平表确认不说话时的环境音的音量，一旦噪声超过-20dB，就会让人听起来感觉很吵。

也就是说，录音时不但要注意被摄体声音的大小，还要确认被摄体声音与环境音这两者之间的平衡，选择能够清晰听到说话内容的麦克风音量与麦克风位置，录音就是这样的工作。接下来，我们来说明一下如何在具体的拍摄场景中调整声音。

在真正安静的场所该怎么办呢

在录音室等环境音非常小的场所，我们该如何做呢？首先，调整耳机音量的方法是相同的。先将麦克风的音量调整到音量电平表因环境音能发生反应的程度，再去调整耳机的音量。到这里为止的操作与前面都是一样的。

如果是在十分安静的录音室，这种状态下麦克风的音量会显得过高（为了听环境音而提高了音量），所以要降低麦克风的音量。但实际上可以让被摄体说话，然后将麦克风的音量调整到-12dB左右。试着做一做，你会发现非常简单。其实，在录音室录音是非常简单的。

在嘈杂的场所该怎么办呢

那么，在街上等嘈杂的场所该怎么办才好呢?

首先，调整耳机音量的步骤与前面是一样的。当喧闹声比较大的时候，我们应该降低麦克风的音量。在这种状态下如果让被摄体对准麦克风说话，我想声音应该比较小，并且会混在嘈杂的背景当中。如果直接调高麦克风的音量，嘈杂的背景音也会随之提高，那么之前的操作就没有任何意义了。

在周围嘈杂的情况下应该做的是:

①【靠近麦克风】

②【放大声音】

③【更换麦克风】

④【剪辑时消除杂音】

以上这4件事情。

④是最终的手段，而①、②、③则可以现场操作。

最常见的操作是①，为了尽可能地靠近麦克风，我们需要调整摄像机的构图。

② 也是有效的手段。如果没有演戏的话，让演员提高音量并非难事。如果是演戏的场合，只有擅长大声念台词的演员才能做到这件事。以我的经验来看，七成左右的演员无法自然地控制声音的大小，声音会变得刻意。

③ 也是一种常见的选择。由于枪式麦克风不适合应对嘈杂的环境，所以在拍摄电视剧或电影等场合，将枪式麦克风替换成无线麦克风（领夹式麦克风）进行拍摄是理所当然的，因为无线麦克风（领夹式麦克风）可以将麦克风靠近嘴巴。通常我们将无线麦克风（领夹式麦克风）安装在心脏的高度，如果现场的环境音过大，安装在领口背面或领结中间等位置也是可以的，原则就是要靠近嘴巴。在极少数的情况下，我们会将麦克风贴在演员的脸颊上（当然，要从看不见麦克风的角度进行拍摄）。不过，如果没有无线麦克风（领夹式麦克风）就没有办法了。这样一来，只能通过①或②来解决问题了。若

环境真的十分嘈杂，应该及时放弃现场的拍摄。

另外，如果使用采访麦克风（SHURE SM63等），那么录下来的声音是最清楚的。可即便如此，要是背景音过大（超过-20dB），我们也要具备放弃现场录音的勇气。

【题外话】
在接受采访或念台词的时候，
人的音量在最后会比较稳定

稍微说一下我在现场的经验。在接受采访或念台词的时候，如果说话者一直处于紧张的状态，发声就会不稳定。一般来说，人在紧张时声音会变大。另外，人在有自信时声音也会变大，而在不安或疑惑的时候，声音会变小。刚开始拍摄的时候，由于紧张、自信和不安等多种情绪混在一起，大声与小声相互掺杂混合，就会变成含糊不清的声音。因此，为了使音量保持恒定，录音部门会不断地微调麦克风的音量。

但是，当拍摄进入后半段，说话者的紧张感消失，说话方式逐渐变成平时的样子，声音也会渐渐稳定下来。说话者进入了这种状态，即便不改变麦克风的音量也没关系。

演员的紧张程度，通过其音量就能知晓。但充满紧张感的声音在无意识中传递给了听众或观众，就无法变成优秀的作品。因此，我们有时会对演员说“太用力了”，或者稍微开个小玩笑，或者录音部门主动NG，中断拍摄。其实导演应该注意这一点，但是能注意到这一点的优秀导演实在太少了，所以有过导演经验的我不知不觉就会像前面说的那样做。当然，经验老到的导演是不会这样做的。

实际的拍摄要点

将麦克风连接在摄像机上拍摄时，一旦机器运转起来，我们就无法对声音进行调整了。在这种情况下，我们要做的就是戴着耳机边听边拍摄。

避免破音

在实际的录音中，致命的问题就是“破音”，用照片来形容就是出现“曝白”。如果音量太小，那么剪辑时总能想出办法应对；如果出现破音，那么拯救起来是非常困难的。

下面介绍一些破音的例子。例如，说话者太过兴奋导致音量过大。也就是说，即便在试拍时说话者的音量是适中的，可正式拍摄时，声音还是有可能变大。

再如，在电影和电视剧里，也有演员在演戏过程中大声说话的场景，不过电影和电视剧中几乎所有的场景都会配备录音部门。但如果是自主创作电影的话，这一点就会成为问题了。

不管怎么说，如果拍摄中出现破音的话，我们需要停下重新拍摄。

避免破音的方法

作为一个现实问题，我们试着进行一些避免产生破音的安全设定吧。

基本安全设定都是使人声在-12dB左右，可快要产生破音的时候该怎么办呢?

避免产生破音的方法有两种。

①降低麦克风的音量；②使用摄像机的音量限幅器。

关于音量限幅器，我们会在后面录音机的部分详细介绍，简单来说，它具有自动降低过大音量的功能。如果不介意音质变坏，利用音量限幅器自动降低过大的声音是非常有效的手段。

从音质上来说，调整麦克风的音量要比使用音量限幅器好。音量过大（超过-6dB而产生破音）的时候，为了能让普通的说话声在音量电平表上显示的最大峰值处于-20～-12dB的中央稍往上的位置（靠近-12dB），我们可以将麦克风的音量调低一些。

不管怎么说，只要麦克风的位置合适，降低麦克风音量的同时也能降低噪声，这样应该不会出现问题。

说句题外话，如果有3dB的音量差，用耳朵去听大致能听出声音大小的差别。如果有4dB的音量差，不管是谁都能听出声音大小的差别。如果音量电平表上没有数值，那就一点一点地降低音量，“声音听起来好像小了点”的时候，为3～4dB。也就是说，用耳朵去听音量电平表上显示为-12dB大小的声音，调低音量时觉得“好像降下来了”。如果降低3dB的话，在音量电平表上的数值大概为-15dB，大家可以先这样理解。

目标是“好用的音量”还是“安全的音量”

就像照片需要适当曝光，我们也会思考什么样的录音才是好的。对于专业的录音人员来说，录下来的声音能够直接变成作品，这样的录音就是理想的录音，即不需要剪辑的录音。因此，我们在拍摄时要持续调整音量，利用麦克风吊架调整声音与麦克风之间的距离，实时调整声音的大小，这些工作都需要相当高超的专业技巧。

如果摄影师独自拍摄，就无法实时调整声音，他需要在拍摄前设定好一切，然后在这种状态下录制没有损坏的声音，这被称为“安全的音量”或“安全的设定”。在剪辑的时候，无论我们调高音量还是调低音量，声音的音质都不会发生改变，录下来的声音是很清晰的。

也就是说，实际说话的音量设定为-12～-6dB，如果摄像机的音量电平表是用颜色来区分音量的话，那么将音量设定在偶尔会变成黄色（超过-12dB）的状态就可以了。不过，这类似于摄像机的焦距，我们需要时时注意音量电平表，因为演员一旦兴奋起来，声音就会变大。

麦克风音量的设定标准

①说话方式普通的人：音量电平表上显示为-12～-6dB（偶尔变为黄色）。

②偶尔大声说话的人：音量电平表上显示为-16～-9dB（很少变为黄色）。

③演员等音量相当大的人：经常控制在-20～-12dB。

这是大致的目标音量。不管怎么样，在现场一边听一边注意调整，让声音听起来清晰。如果现场不止一个人，还需要让这些人的声音听起来保持一致。

有些人在彩排时声音很小，正式演出时声音却变大了，所以彩排时将声音调低（不超过-12dB的程度）会相对合适。另外，在正式演出的过程中，时不时确认一下音量电平表也是很有必要的。

夹式麦克风与夹式闪光灯是一样的

接下来，我来说一下夹式的枪式麦克风的使用方法。

本书第1章中提到过，长达数厘米的枪式麦克风拥有超广角镜头一般的角度。这种麦克风可以清晰拾取声音的范围是在摄像机前50cm左右的区域，与被摄体之间的距离超过1m的话，就会变成实况录音的声音（更加在意背景音）。

也就是说，被摄体是单人特写的话就没有问题。如果在没有回音的安静室内，稍微离远些录音也没有关系。

夹式的枪式麦克风通常用在紧急情况当中，专业人士一般不会使用这类麦克风。如果是在安静的场所或拍特写，录下来的声音会十分优质

和夹式闪光灯一样，离远一些使用吧

夹式麦克风的使用情况与夹式闪光灯一致，只能用于紧急情况下的拍摄活动。如果想通过夹式麦克风来提高音质的话，我们该如何去做呢?

与夹式闪光灯一致，我建议将夹式麦克风与摄像机分离使用。

几乎所有的夹式麦克风都是通过3.5mm的立体声音频线连接到摄像机上的。这种音频线的售价并不贵，我们可以准备3m左右的延伸线缆，然后利用自拍杆等设备将麦克风递到被摄体附近。

如果是一个人拍摄的情况，选择麦克风单脚支架或自拍杆等放在被摄体附近拍摄是非常有效的（详细内容后述）。理想情况下应该从被摄体的头顶向下悬放，实际上往往很难做到这一点，因此像声乐麦克风那样，我们将麦克风放置在被摄体的下方，将麦克风对准被摄体的嘴部，防止出现声音模糊的情况。

我们把麦克风的朝向正确叫作“抓住麦克风中心”。戴上耳机边听边设置麦克风，录制出“抓住麦克风中心”的声音吧。

将夹式麦克风从摄像机上分离下来，目的在于记录台词（这类麦克风本身就能记录声音，无须使用音频线）

注意廉价麦克风的信噪比

前面已经提到过，有些廉价麦克风的信噪比较差，因此我们要将这类麦克风靠近被摄体后再去使用。这一点类似于使用感光度低的相机，调高麦克风的音量，就好比提高相机的感光度。为了尽可能地降低音量，我们需要进行麦克风配置（如果音量下降的话，噪声也会下降）。

我想重申一下，通过拉近麦克风与被摄体之间的距离，即便是信噪比差的廉价麦克风，也能达到降噪的效果。

使用专门的麦克风录制旁白吧

使用麦克风录音时，只有旁白与朗读有些特殊。旁白和朗读只通过声音就能表现出多种风格，因此这两种形式的录音方法也会相当复杂。

人声录制认准SHURE

说起旁白用的麦克风，那就没完没了了。首先，我给大家介绍几款适合的麦克风，只要拥有了它们，即便要求录音达到广播品质，也不会有太大问题。

SHURE是一家老牌生产商，一直致力于生产性能强大、音质优良的麦克风。

【普通的房间也能变成录音室 · SHURE BETA 58A】

这款声乐麦克风被称为“BETA 58A”，从低音到高音，声音清晰，音质纯净。另外，这款麦克风还具备了较高的灵敏度，无论大声小声都能清楚地录下来。

不过，在声乐麦克风中，这款麦克风的指向性最为狭窄（超心形麦克风）。只要稍稍偏离麦克风的中心，声音就会变细。正因为这一点，即便在普

SHURE BETA 58A，虽然是声乐麦克风，但也是经典的旁白麦克风。售价在2万日元左右

通的房间里，也难以拾取回音，只要对准麦克风的中心，降低音量，我们就能得到录音室级别的优质声音。

这款麦克风的拾音范围狭窄，仅在麦克风前方5cm的区域能够拾音，只要超出了这个范围，音质就会发生变化。此外，这款麦克风还有一个缺点，它容易受到呼吸的影响而产生pop噪声（麦克风受呼吸影响而出现的声音）。因此，我们要借助防喷罩来减少呼吸对麦克风的影响。

不管怎么说，只要能够熟练使用这款麦克风，就能出色地完成旁白和朗读。这款麦克风最大的缺点在于，如果说话时人物的面部位置和朝向发生了变化，音质就会突然改变。专业人士自然不会有问题，但对于外行来说，这款麦克风驾驭起来就相对困难了。另外，如果是说话音量较小的人，可能感觉这款麦克风在灵敏度上有些欠缺。实际上这款麦克风原本是声乐麦克风，所以能够清晰记录音量大的声音。

这款麦克风是手持使用的，不过念旁白时最好使用麦克风支架。

手持麦克风的握法：一定要握住把手处，绝对不要触碰麦克风罩（网），也不要将手覆在上面。

【声音轻柔明亮·SHURE SM63采访麦克风】

将BETA 58A 录下来的声音转换成轻柔的声音，就是SM63给人的感觉。SM63是一款经典的采访麦克风，电视上的记者经常拿着的银色麦克风就是这款。SM63有长款和短款两种，不过音质是相同的。

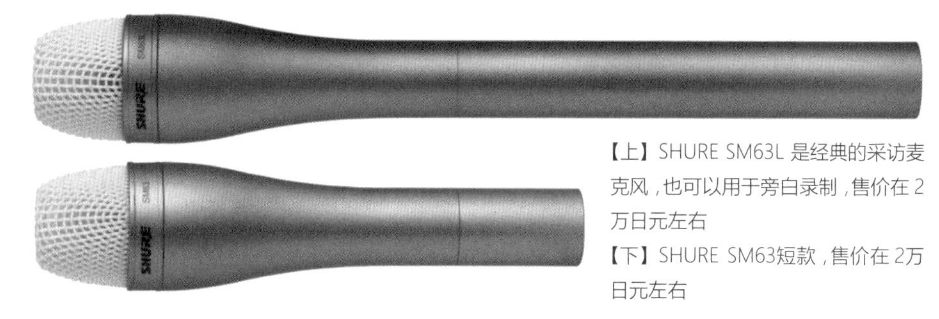

【上】SHURE SM63L 是经典的采访麦克风，也可以用于旁白录制，售价在2万日元左右

【下】SHURE SM63短款，售价在2万日元左右

与BETA 58A 相比，SM63在低音上有所削减。另外，SM63的焦点与指向性都比BETA 58A 要广，是一款容易操作的麦克风。在外景录制旁白或独白（演员的独白等于旁白）的时候，我认为SM63能够更加顺利地将声音录下来。

不管怎么说，这款麦克风最初是用在采访中的，因此在室外收录人声方面有着超高的性能，无论多么嘈杂的地方都能清晰地录下声音。

用BETA 58A录下来的旁白听起来厚重有存在感，而用SM63录下来的声音柔和清亮，能够轻松融入所有的背景。我在创作不同的作品时会分别使用这两种麦克风，平时随身的包里面会一直放着SM63（短款），即使遇上突发的录制情况（没有台本的旁白录制），也能够快速应对。

低价格、高音质的BEHRINGER麦克风也是不错的选择

BEHRINGER公司一直都在推出价格实惠且音质与性能出色的产品。这款Ultravoice XM8500的售价虽然在2500日元左右，但音质相当出色。它既可以用于旁白录制，也可以用于广播录制等。另外，这款麦克风外壳坚硬，附有麦克风支架及替换螺丝。我曾经在地面电视广播节目中，使用6支这样的麦克风来制作节目。如果没有充足的预算，BEHRINGER的麦克风可以帮上大忙。

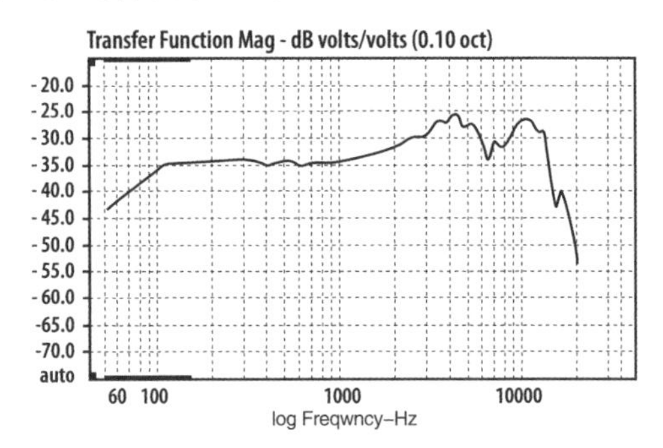

BEHRINGER Ultravoice XM8500的频率特性，能与SHURE SM58（声乐麦克风）匹敌

BEHRINGER Ultravoice XM8500在 SOUND HOUSE上的售价在 2500日元左右

不要用枪式麦克风来录制旁白

那么，可以用枪式麦克风来录制旁白吗？基本上还是放弃比较保险。换句话说，虽然枪式麦克风没有音质上的问题，可一旦其灵敏度过高或被摄体离麦克风过近的话，声音就会变得不自然。如果在普通房间的话，回音也会变强。

但是，如果是自己拍摄作品，如拍摄Vlog的话，即类似自拍的动画作品，使用MKE600或MHK416这样的枪式麦克风也是很有用的。

当枪式麦克风与影像搭配在一起的时候，会让人感觉声音非常出色。之所以这样说，是因为如果我们正确使用枪式麦克风的话，它能很好地为我们拾取环境音。换句话说，通过声音我们就能知道拍摄地点是什么地方。

用枪式麦克风录制影像旁白，如果影像中没有出现说话者的话，那么所录下来的声音就会让人感觉这个没有人的屋子里有人正在说话，听起来极其不自然。举个例子，明明画面显示在屋外，但旁白却让人感觉在屋内，仔细听就会感到违和。

如果使用的麦克风是前面讲到的BETA 58A或SM63，几乎能够完全消除环境音，非常适合录制旁白。不知道说话者在哪里说话，这是旁白录制的必要条件之一。

明明是用来录制旁白的麦克风，却产生了回音

如果能够适当地使用前面提到的BETA 58A或SM63，我们就能录下没有环境音或者没有回音的旁白。但是，有时还是会出现混入回音的情况，这是因为房间里的回音太过强烈了。

回音来自窗户或者墙壁的声音反射。试着用手敲一敲，在一定程度上你能判断出回音的大小。家具少的房间容易产生回音。窗帘、绒毯和榻榻米都能减少回音，也有专门用于吸收声音的材料。

应对回音的方法非常简单，在墙壁上挂衣服、拉上窗帘、用毛毯盖住墙壁等，这些措施都能较轻松地减小回音。我认为根据实际需要下点功夫就可以了。

旁白和人声的录制方法将在第7章进行详细说明。

录音时使用防喷罩

在 SM63上安装附带的防风罩

防喷罩。在嘴巴与麦克风之间插入使用，减少因呼吸带来杂音

录制旁白时必须注意的是，减小使用麦克风时因呼吸所带来的杂音，我们将这种杂音称为pop噪音或气爆。尤其在我们发出“papipupepo”这种爆破音的时候，很容易出现pop噪声。

为了避免pop噪声，我们可以在麦克风头安装海绵状的防风罩（防喷罩海绵），或者当能够使用麦克风支架的时候，在麦克风与说话者的嘴巴之间插入网状的防喷罩。

使用防喷罩不仅可以防止pop噪声，还能让麦克风与说话者的嘴巴之间保持一定的距离。我们需要提醒说话者在嘴巴即将碰到防喷罩的区域进行录音。

利用手机录音的话需要做什么

用手机录音的话该怎么办呢？

其实，只要有连接麦克风的设备和应用程序，我们就能录到录音室级别的高音质声音。事实上也有创作者利用iPad进行录音工作，甚至有些专业人士会用iPhone来录制电影。

连接设备是这个

连接手机和麦克风的设备叫作声卡。通过连接USB接线柱（或Lightning接线柱），就有可能录下专业级别的音质。另外，也有支持专业麦克风的幻象电源的设备。

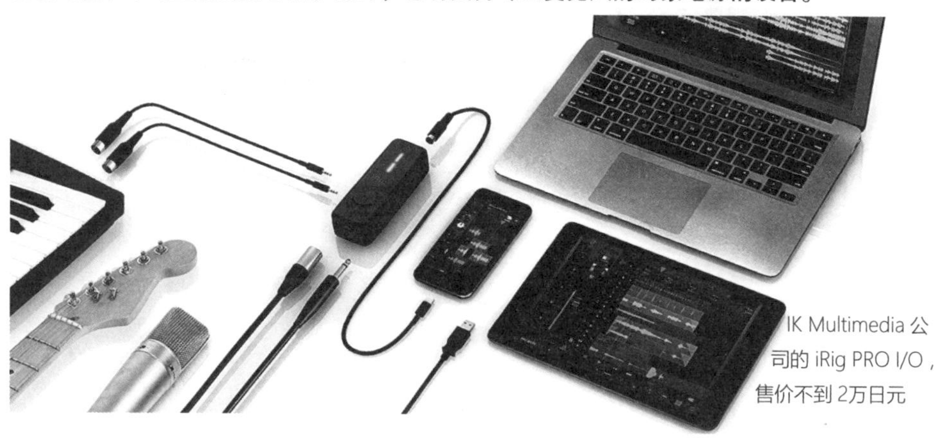

IK Multimedia公司的iRig PRO I/O，售价不到2万日元

IK Multimedia公司的iRig PRO I/O是我一直都在使用的声卡，价格虽然有些昂贵，但是可以连接电脑、iPad、iPhone，同时支持幻象电源。市场上也有其他声卡支持连接iPhone等设备及幻象电源，但这款声卡尺寸最小，能够放入包中随身携带。

这款声卡用iPhone拍摄视频时也可以使用，所以只要有iRig PRO I/O和枪式麦克风，我们就能够拍摄电影。当然，也可以用于视频网站转播。

高级的机型有2ch，可以连接两支麦克风。

其他的声卡如何呢

除此之外的声卡，如果要连接iPhone等设备，需要另外的USB连接器。像ZOOM H6等录音机，需要通过USB连接器来连接iPhone等设备。所以，与其购买不完备的声卡，还不如直接购买录音机。

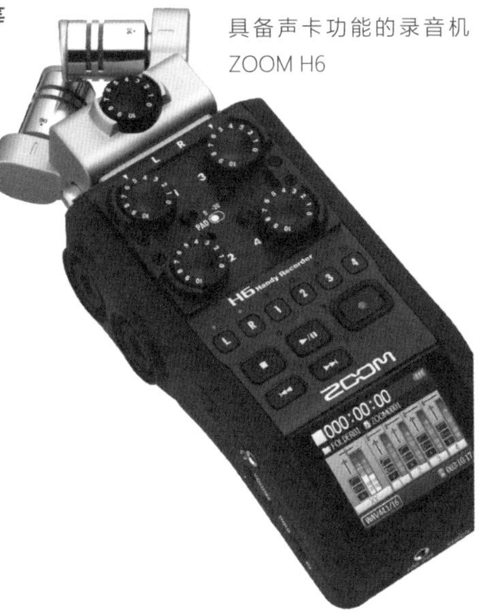

具备声卡功能的录音机
ZOOM H6

麦克风防风罩是必备品

安装在麦克风上的防风罩是防止产生风噪的必备品。简易型的防风罩有高性能的海绵罩（有时也叫防风屏或防喷罩）、用毛皮覆盖麦克风集音部的防风罩，也有根据麦克风的尺寸和形状制作的防风罩。

许多麦克风都会附有防风屏。最开始附带的防风屏可以应对微微的风声，当风力达到可以吹动头发的程度时，附带的防风屏就会产生“噗噗”的声音，进入麦克风内部。

近来，利用特殊的海绵制成的防风罩，即便达到能够吹动头发的风力，也不会产生声音。根据麦克风的大小，这类防风罩的售价在5000日元左右。

使用防风毛罩吧

在室内拍摄中，我经常使用的是防风毛罩。即便风速达到了7m/s左右（能够吹乱发型的程度），也可以使用这类防风毛罩。

防风毛罩有两种，一种是防风毛罩上包裹着海绵；还有一种是没有海绵，直接包裹在麦克风上。包裹着海绵的防风毛罩比较便宜，如果是非品牌的，售价在2000日元左右。我们使用的专业款防风毛罩售价在5000日元到1万日元之间。

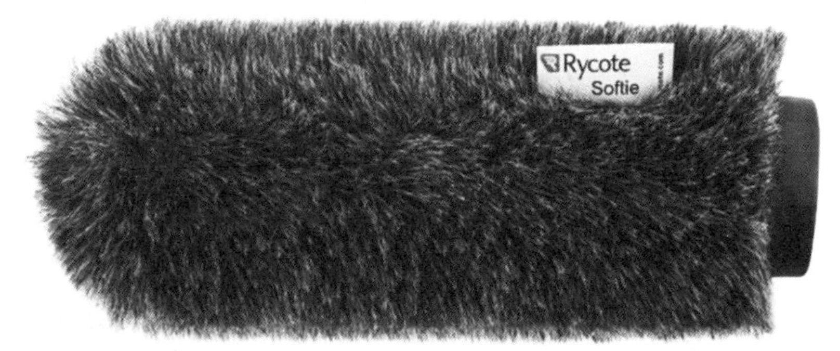

Rycote公司的softie防风毛罩，售价在1万日元左右

猪笼式防风罩可以有效应对强风

在电影的拍摄中，有时我们会将麦克风悬浮固定在细长的笼子中，笼子外用毛套覆盖。由于笼内的麦克风用橡皮筋吊挂，所以麦克风吊架的操作音无法传递到麦克风，从而变成了高性能的减震架。另外，麦克风与毛套的距离很远，可以应对更强的风力。

在几乎可以晃动大树的强风中，有时只利用上述包裹着麦克风的防风罩是无法应对的，这种时候我们只能使用猪笼式防风罩了。不过，由于这种防风罩相当重，所以麦克风的转动变得十分困难。

原本笼形防风罩也起到了保护麦克风的作用。过去的麦克风只要轻轻一碰，就会有所损坏，所以使用笼形防风罩就变得尤为必要了。不过，如今的麦克风对抗冲击的能力变强了，即便海绵类的防风罩，也几乎不会发生被撞坏的情况了。

因此，我一直使用的是直接包裹在麦克风上的防风罩。Rycote公司的防风罩可以不用海绵，而是直接插入麦克风使用。其内部是像丝瓜瓤一样坚硬粗糙的网状海绵，可以起到与笼形防风罩一样的效果。不过，由于毛没有那么长，与猪笼式防风罩相比，还是不能抵抗强风。

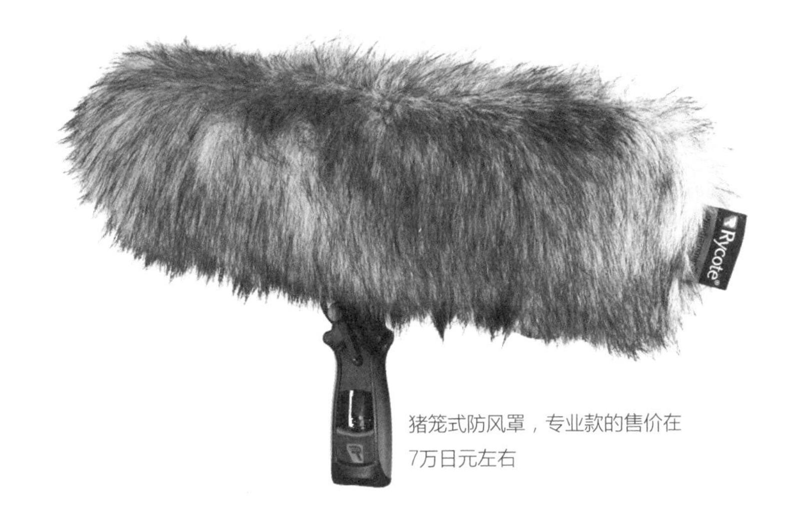

猪笼式防风罩，专业款的售价在7万日元左右

如果使用麦克风吊架，搭配使用麦克风防风罩

即便在无风的室外或室内，专业人员也会使用防风罩。这是因为用麦克风吊架或手枪型麦克握把挥舞麦克风时，只要稍微快速移动麦克风，裸露的麦克风就会产生风噪。

4

第4章·实践 灵活使用 领夹式麦克风和 无线麦克风

使用领夹式麦克风和无线麦克风吧

领夹式麦克风（属于无线麦克风的一种）是单人独自拍摄时的得力助手。只要熟练掌握了其设定方法，几乎不用调整麦克风的音量就能直接录音。

领夹式麦克风的特征在于不需要操作音频线，环境音的影响也会减小。另外，即便利用多个麦克风进行录音，从调整到录音都能较为轻松地操作。

领夹式麦克风可以不受周边的嘈杂环境影响而进行清晰的收音。知名品牌的领夹式麦克风，售价在数千日元。上图是 Audio-Technica AT9904

领夹式麦克风非常便利

领夹式麦克风的特点在于只要与说话者的嘴巴保持一定的距离，就能够轻松地录制到清晰的声音。因此，在电视等拍摄活动中，我们使用的几乎都是领夹式麦克风。在多人说话的场合，如果使用枪式麦克风必须一边移动麦克风杆一边录音，声音会变得极不稳定。但是，领夹式麦克风是单独安装在每个说话者身上的，声音能够维持在一个稳定的状态。在电影拍摄中，我们经常使用领夹式麦克风。由于这种麦克风靠近说话者的嘴部，所以受到环境音的影响不大，即便在喧闹的街道上，声音听起来也会非常清晰。另外，在回音较强的室内，领夹式麦克风也能录制到较为清晰的声音，完成录音工作。虽然领夹式麦克风有诸多优点，但在使用中也有需要注意的地方，我们会在后面介绍。下面，我们来看看有线麦克风是什么样的吧。

物美价廉的有线麦克风

如果预算充足的话，相对来说无线麦克风更好一些，但比较容易购入的是有线领夹式麦克风，只要花费1万日元左右就能获得广播级别的音质。当然，在日本中心广播台等这些预算充足的录制现场，有线麦克风的售价也可能超过5万日元。

插电式的领夹式麦克风 Audio-Technica AT9904，在SOUND HOUSE上的售价约为2600日元

有线麦克风分为内置电池式和插入电池式（也称插电式）。如果是直接连接摄像机的话，内置电池式的有线麦克风是最佳选择。重申一遍，所谓的插电式麦克风，是指在民用音响设备中发展起来的麦克风类型，可以通过音频线从摄像机端供电。不过，由于不同厂家的产品规格有差异，所以机器之间的兼容性也会不一样。对此，我们需要选择能够确认操作的设备。

有线领夹式麦克风，便宜的也要几千日元，主要分为插电式、电池驱动式、幻象电源式。其中，电池驱动式最为便利。廉价的领夹式麦克风的音质稍微差点，但是我认为应付自媒体的户外报道等是没有问题的。与枪式麦克风相比，领夹式麦克风在音质上具有压倒性的优势。

以手机录音为前提的产品也有很多。在亚马逊的麦克风购买评论中，我们能看到有些麦克风无法用于摄像机，这一点需要多加注意。

能够使用幻象电源的领夹式麦克风，售价在1万日元左右。专业人士使用的电池驱动式麦克风，售价在2万日元以上。

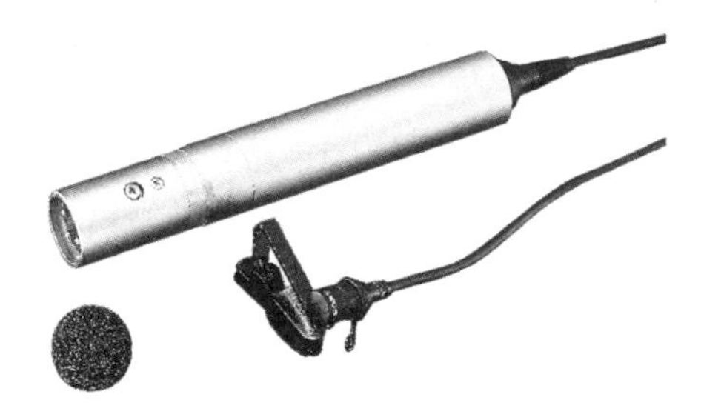

专业人士使用的SONY ECM-44B/99X，配有XLR接线柱，可以利用干电池进行工作，只不过需要使用转换线才能连接摄像机。在SOUND HOUSE上的售价超过2万日元

在说话者一直四处走动的情况下使用无线麦克风

在旅游节目中，当说话者一直四处走动时，我们需要使用无线麦克风，可以说这类麦克风是万能的。特别是在剪辑时，很多录音工作因此变得简单起来，利用无线麦克风的稳定性可以将声音加工成各种各样的形式。换句话说，虽然我们一般利用麦克风吊架来控制枪式麦克风，以此录制各种各样的声音，但如今已经渐渐发展到利用无线麦克风，通过剪辑来制造出同样的效果了。

在电视录制中经常使用的无线麦克风 SONY UMP系列。上图是收发器套装UMP-D21，实际售价超过6万日元

前面提到过，无线麦克风分为广播用和非广播用两类。非广播用的无线麦克风也有1万日元左右的廉价产品。专业人士过去使用的是40万日元一套的广播用的无线麦克风，目前在日常工作中使用较多的是5万日元左右的无线麦克风。高价的广播用的无线麦克风可以根据自己的需求来考虑是否租借。无线麦克风音量的设定以第3章讲过的基本设定为准，至于无线麦克风的安装方法，我们将在后面进行解说。

无线麦克风的声音特征

接下来，我将对无线麦克风（及领夹式麦克风）的音质差异进行解说。为了将声音完美载入电波，无线麦克风会让声音通过一种叫作压缩器的线路。所谓的压缩器，就是将过大的声音调低、将过小的声音调高。简单来说，压缩器可以让声音变得更加悦耳。压缩器的特点在于能够制造出一种没有距离感的声音。

无线麦克风非常适合电视节目等录制活动。由于没有距离感（即便无线麦克风距离被摄体很遥远，听起来也像在眼前说话），在电影中使用无线麦克风容易给人一种不自然的感觉。所以，拍摄电影中有一项工作就是调整这类声音的音质，使声音听起来更加自然，这项工作是十分费时的。

如果是枪式麦克风，通过控制其与被摄体之间的距离，我们既可以使录下来的声音听起来像近在眼前，也可以使其听起来像远在天边。不过，想要制造出这种身临其境的录音效果，需要有人专门操作麦克风吊架。如果是独自拍摄的话，就很难达到这一点了。

从这个意义来说，安装好后就能录下好声音的无线麦克风，对于独自进行拍摄工作的人来说是非常得力的助手。当然，后期还需要对录下来的声音进行调整，可以明确地说这与照片的无损冲洗是一样的。

领夹式麦克风能够录下自然的声音吗

前面已经讲过无线麦克风的特点在于具备压缩器，那么是不是就意味着其无法录制自然的声音了？并不是那样的。小鸟的鸣叫声、人的脚步声、河水的流动声等，这些声音通过无线麦克风都能被很好地记录下来。虽然领夹式麦克风比416等枪式麦克风的音质更好，但有些小问题还是想说一下。

无线麦克风的动态范围窄

与有线麦克风相比，无线麦克风的动态范围变窄了。简单来说，就是无线麦克风可以在小声设定、普通声音设定、大声设定之间切换使用。具体来说，有一个叫作“attenuator”的设备，需要对其进行调整。“attenuator”指的是衰减器，作用类似于麦克风的音量。也就是说，在使用无线麦克风的时候，我们需要同时调整麦克风发射器与摄像机端的音量。详细内容请参照本章最后的“无线麦克风的实际应用”。

领夹式麦克风也有种类之分

广播用的领夹式麦克风分为无指向性与有指向性两类。另外，为了能将麦克风贴在演员的脸颊上，我们在舞台上需要使用低灵敏度麦克风。

不过，有指向性麦克风与低灵敏度麦克风都是在舞台上使用的，我们在一般的录音工作中不使用这两种麦克风。

接下来，我们说一下领夹式麦克风的安装方法吧。

领夹式麦克风的安装方法

无线的领夹式麦克风一般通过胸口专用的领带夹式样的回形针安装。麦克风的朝向自然是对准说话者的嘴部。如果说话者穿夹克的话，就将麦克风放在立领下面；如果说话者没有穿夹克，就将麦克风放在其领带或衬衫的第二颗纽扣附近。如果你是女性，那就将麦克风的音频线从胸口处拉出来，系在胸前的衣服上。

防风装置是必备品

一般来说，领夹式麦克风的前端都会配备防风罩，这是必备品之一。防风罩既有海绵状的，也有金属网状的。基本上我们利用防风罩来减轻风噪，从而起到保护麦克风的作用。另外，防风罩属于消耗品，专业人士一般都会提前囤货。市场上还会出售那种能够搭配衣服颜色的防风罩，只不过售价昂贵，单只防风罩的售价在1000日元以上。根据麦克风前端的大小不同，防风罩的种类繁多。日本的秋叶原设有专卖店，位于收音机场馆二楼的“TOMOCA PROSHOP”。

麦克风的安装位置

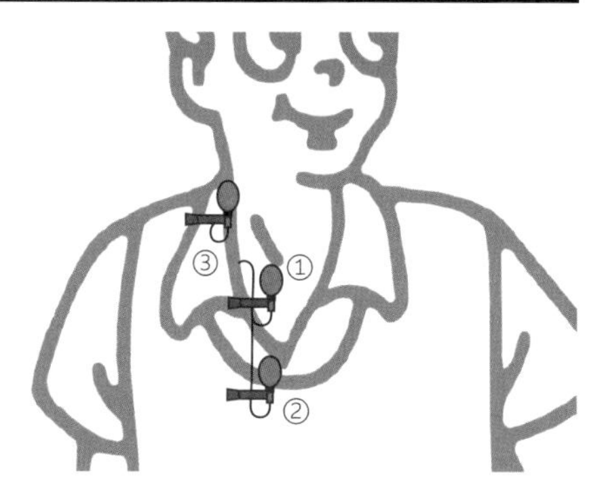

麦克风的安装工作相当复杂。根据说话者所穿的衣服，麦克风的安装位置也会有所限制。

首先，将麦克风从说话者的下巴往下移动一个手掌的距离，约20cm（②的位置），大概到心脏的位置。如果靠近喉咙，大约到下巴下方（①的位置），声音就会含糊不清（低音变强）。如果说话者的脸转向一侧，音量就会急剧降低，这是因为说话者的嘴巴偏离了麦克风。

如果一开始说话者的头部距离麦克风较远的话，那么说话者摇头对声音的影响就会变小。因此，注意不要将麦克风过度靠近人脸，这一点是很重要的（②的位置最佳）。

在周围环境特别嘈杂的情况下，有时我们会将麦克风放在③的位置，努力靠近说话者的嘴部。但是，当说话者的头部发生摆动的时候，声音的音量和音质就会发生较大的变化，这一点也需要注意。

当说话者活动身体的时候，注意不要让麦克风撞到东西，常见的情况是女性的项链会碰到麦克风。即便无线麦克风没有碰到其他物品，能够发出声响的饰品也会给录音带来不好的影响。如果说话者佩戴的是项链，那么可以将双面胶切成小块，以此来防止项链晃动。较难处理的是大耳环，摘下它是最好的选择，若行不通，那就只能拜托说话者尽量不要摇头。

衣服质地轻薄的情况下以音频线作为支撑

像T恤这样轻薄的衣服，麦克风无法维持在稳定的状态。因此，我们需要将麦克风的音频线穿过衣服的内侧，用固定夹将其与衣服一起夹好。

拍摄中麦克风的朝向不改变，放映时的录音效果就不会变差，这一点是很重要的。

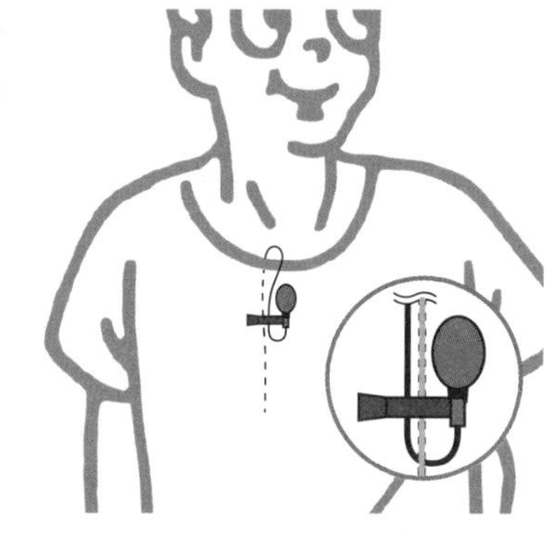

如果是质地轻薄的衣服，那么就将音频线与麦克风一起夹在衣服的背面固定

固定夹的朝向可以改变

固定夹可以改变开口的朝向。从麦克风上取下固定夹，转动180°，固定夹的开口就会朝向相反的一侧。

有些专业的固定夹除了水平方向有开口，垂直方向也有开口，所以我们可以使用专业的固定夹。

除了固定夹，还可以使用像大头针一样的别针别住麦克风，或用胶布粘住麦克风等，专业用品中有各种各样的安装零件。

固定发射器的腰带

发射器一般借助悬挂的金属配件挂在裤装的腰带上，麦克风的音频线需要穿过衣服内侧。如果没有腰带，也可以将发射器放入裤装的口袋中。不过，如果将发射器放在裤子背面的口袋中，站立或坐着的时候容易拉拽到音频线，最糟糕的情况是弄断音频线。所以，一般我们都将发射器挂在腰带上。如果穿的是西装，有时也将发射器放入西装的内侧口袋，从外面看不显眼的话，这样做也是可以的。

便携式暖宝宝用的腰包很便利

当发射器不能固定在腰带、口袋等位置的时候，我们可以使用装便携式暖宝宝那样的腰包。比起腰带和口袋，这种固定方式的特点在于说话者更容易移动，而且从外侧也看不出来。不过，将接收器放入衣服内侧的话，有时会忘记打开电源或忘记更换电池等，平添一些小麻烦。

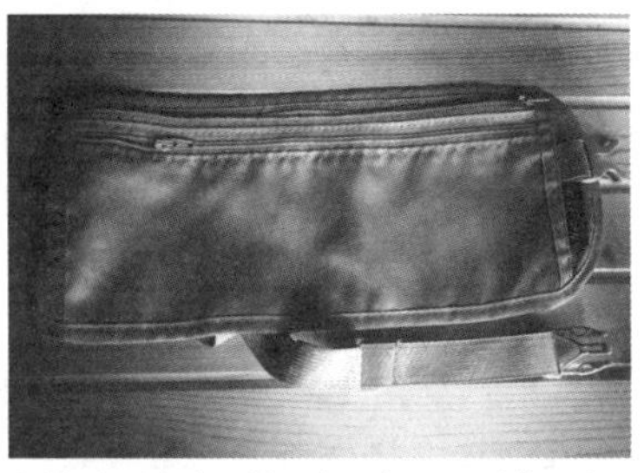

便携式暖宝宝用的腰包，在亚马逊等平台上的售价在 500日元左右

提前备好富余的音频线

从胸前的麦克风延伸出来的音频线有1m左右，可以轻松到达固定在腰部位置的接收器，有时甚至会多出一截。为了避免出现音频线挂在腰带上等情况，我们需要将音频线的长度控制在胸前的麦克风不至于绷紧的程度。当说话者有动作戏的时候，如果音频线没有富余量，有时麦克风可能因被拉扯而导致脱落，发出“沙沙”的声音。

室外拍摄时给麦克风装上毛皮防风罩

在室外风力较强的情况下，即便使用了标准的小型防风罩，麦克风也会出现风噪现象。这时，我们需要利用毛皮防风罩。专业的毛皮防风罩价格昂贵，单个售价在5000日元以上。最近市场上出现了中国生产的防风罩，价格低廉，5个防风罩的售价在1000日元左右，这种防风罩足以应付普通风力。这种防风罩的使用方法非常简单，只需将其盖在标准的防风罩上就可以了。毛皮防风罩也有各种各样的颜色，可以根据自己的衣服进行搭配。备齐各式各样的防风罩，将是一笔不小的支出。

布置麦克风的技巧

在电影等拍摄活动中，为了不让别人看到麦克风，我们会将麦克风贴在衣服里面，这种行为叫作准备麦克风。

实际上，这种准备工作是每个录音师的看家本领，也是“代代相传”的绝密技术，非常考验录音师个人的技巧。

出现衣服摩擦声

准备麦克风是将麦克风固定在衣服里面，借助胶带等工具进行粘贴。如果直接将麦克风粘贴在衣服上，麦克风与衣服会发生摩擦，从而产生一种叫作衣服摩擦声的声音，这种声音令人非常厌烦。

利用不易产生衣服摩擦声的材质包裹麦克风

有些方法可以避免产生上述的衣服摩擦声。如果你在网上搜索，我相信你可以找到不止一种方法。一般的方法是将防风用的毛皮（以兔皮为主）切成小块后包裹好麦克风，再用切成三角形的人造皮革（鹿皮）夹住。人造皮革不易与布料等材料发生摩擦，即便发生摩擦，也不会产生噪声。接下来，在毛皮与麦克风之间留出空间，以此避免衣服摩擦声。也就是说，先用毛皮将麦克风包裹起来，再用人造皮革裹上一层。这样做还有一个好处：在盛夏或温度较高的室内，说话者大汗淋漓，衣服内的湿度很高，容易造成麦克风故障，而人造皮革能适度吸收湿气，再加上有毛皮的保护，也是一种应对说话者出汗问题的方法。

在衣服上用三角形的人造皮革和胶带等将麦克风牢牢粘好，虽然是一种传统的做法，但事前准备起来非常麻烦，卸除工作也比较耗费时间。在电视录制活动中，我们会采用更加简单的方法，用不易产生杂音的材质包好麦克风的顶部，然后贴在肌肤或内衣上。总之，只要不降低音质、不产生衣服摩擦声就可以了。

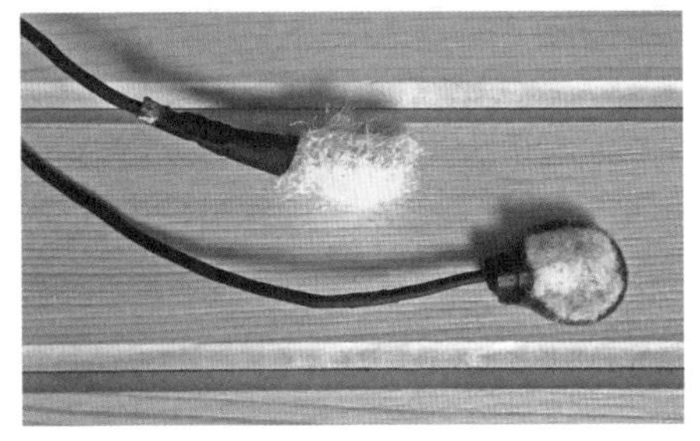

准备麦克风时的顶部处理。上面用飞蝇钓的材料包裹好，下面则是一次性的专用产品（Rycote 公司 undercote），在亚马逊等平台上的售价在 1600日元左右（可用 30次）

应对衣服摩擦声的多种方法

我使用的是飞蝇钓中所用到的毛钩，是一家叫作Timco的制造商生产的 Melty Yarn，材质有点像马海毛的毛线。只要将它缠绕在麦克风上，用胶带固定底部就可以了。为了找到这种材料，我前后花费了10年的时间。

使用毛钩的优点在于不需要准备时间，粘贴起来非常简单。包裹麦克风的三角形的人造皮革的体积相当大，如果说话者穿着轻薄的衬衫，从外面就能看出来。使用毛钩还有一个优点，就是声音几乎不会传到衣服外面。

用毛钩这种材料包裹好麦克风，借助胶带将其粘贴在衣服背面。需要注意的是，不是将毛钩粘贴在麦克风上，而是用胶带将音频线粘贴在衣服上面。

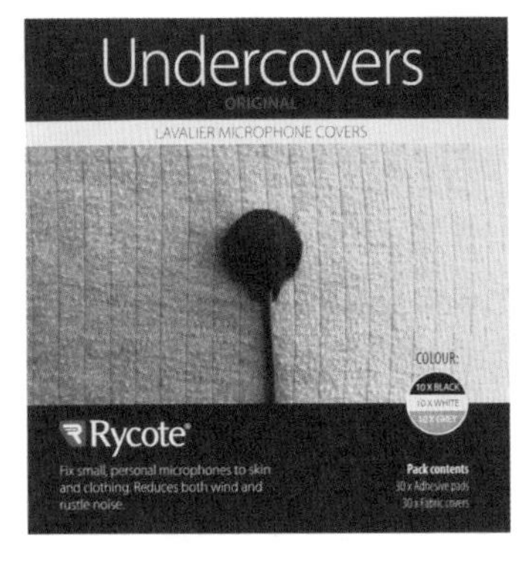

专业的粘贴用品也很方便，如Rycote公司的Undercovers，操作起来十分简单。这款产品搭配使用了胶带和防止产生衣服摩擦声的布料，原本是服务于细状麦克风的，但也可以用于SONY UMP系列的粗状麦克风。在亚马逊上，不到1600日元就能购入30次的用量。因为是专业的粘贴用品，所以可以极大地减小衣服摩擦声。胶带是双面胶，黏着力非常强。可以像图中那样用附带的布包裹住麦克风，然后将其粘贴在内衣等上面。

实践·布置麦克风的粘贴位置与粘贴方法

麦克风的粘贴位置和固定夹的位置是一样的，都是距离下巴20～30cm，胸口稍稍往上的胸骨附近是最佳位置。由于人的身体是凹凸的，所以脱衣服会比较困难，理想情况是将麦克风平展地粘贴于肌肤上。

如果是女性的话，将麦克风粘贴在内衣的中间位置最为合适。若女性胸部丰满，将麦克风夹在乳房中间，声音会变得模糊，这时候将其粘贴在胸部上方的衣服内侧就可以了。准备麦克风的难点在于容易脱落的布料。如果穿的是发热内衣，就能较为轻松地去除胶带。另外，像毛衣这类衣服，摩擦声会变大。这种情况下将胶带的粘贴范围扩大些，可以改善衣服摩擦的情况。

传统的录音部门，将橡胶胶带做成三角形，然后将麦克风放入其中，粘贴在衣服上，或者用鹿皮做成四方形的盒子粘贴在衣服上，方法多种多样。这些方法的重点在于防止出现衣服摩擦声、防止说话者的汗水损坏麦克风、能够快速安装麦克风等。综合考虑上述因素，我经常使用Rycote公司的Undercovers。

用于准备麦克风的Rycote公司的Undercovers。胶水和防止衣服摩擦的保护套（黑、灰、白三种颜色），三色套装与单色均有售卖

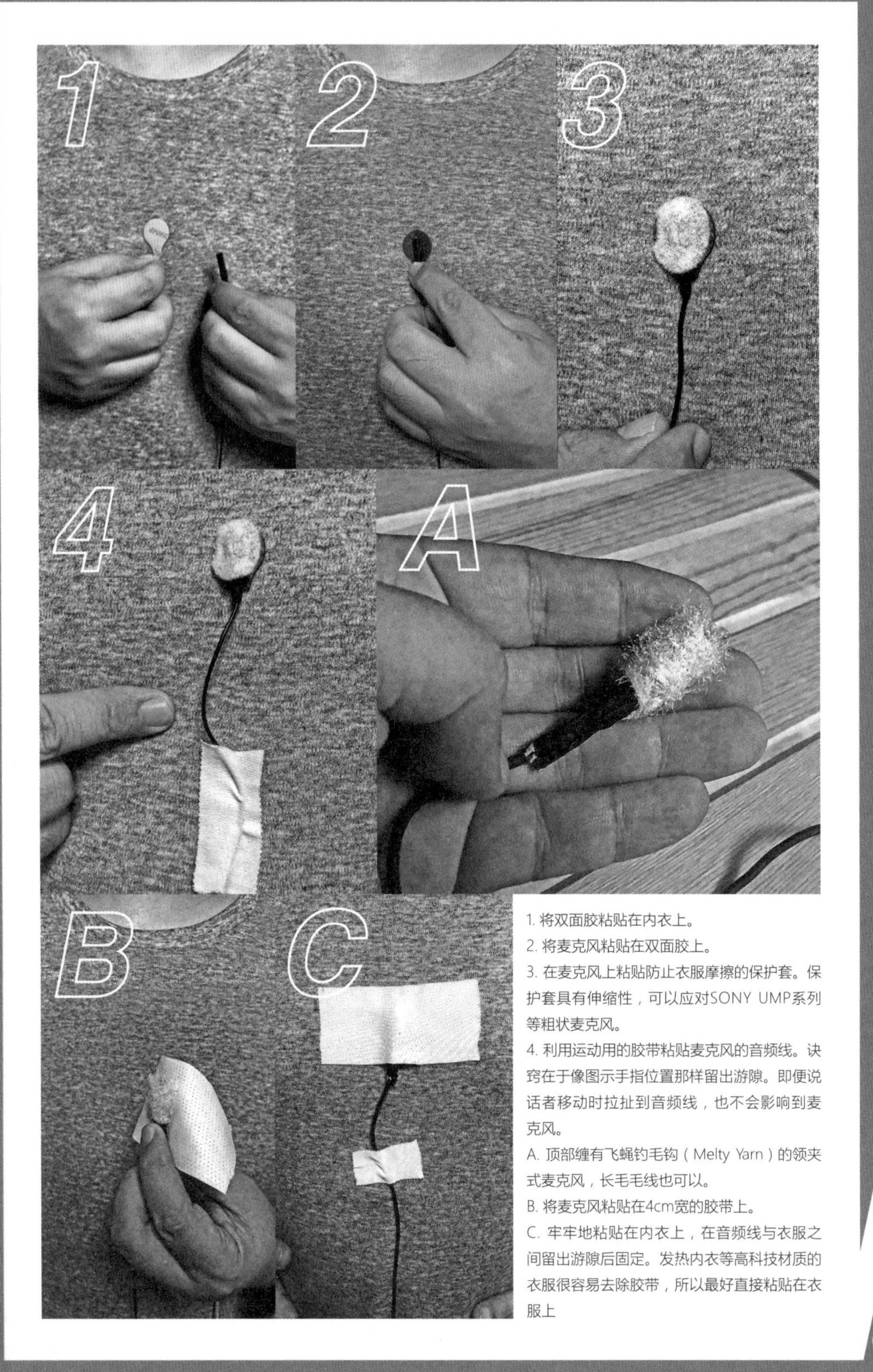

1. 将双面胶粘贴在内衣上。
2. 将麦克风粘贴在双面胶上。
3. 在麦克风上粘贴防止衣服摩擦的保护套。保护套具有伸缩性，可以应对SONY UMP系列等粗状麦克风。
4. 利用运动用的胶带粘贴麦克风的音频线。诀窍在于像图示手指位置那样留出游隙。即便说话者移动时拉扯到音频线，也不会影响到麦克风。

A. 顶部缠有飞蝇钓毛钩（Melty Yarn）的领夹式麦克风，长毛毛线也可以。
B. 将麦克风粘贴在4cm宽的胶带上。
C. 牢牢地粘贴在内衣上，在音频线与衣服之间留出游隙后固定。发热内衣等高科技材质的衣服很容易去除胶带，所以最好直接粘贴在衣服上

什么样的无线麦克风是好用的

国内外的很多制造商都销售无线麦克风。从业务用到广播用，无线麦克风的级别各有不同。说实话，我认为售价在50 000日元以下的无线麦克风多少都存在着各种问题，如噪声大、声音延迟、音质差等。因此，我来推荐一款无线麦克风。

SONY UMP系列

SONY UMP-D21是最近在电视外景拍摄中使用的经典无线麦克风，发射器与接收器的套装售价约为65 000日元。

SONY UMP系列的特征在于即便没有B波段的许可证书也可以使用。实际上电视台等现场使用的都是A波段这种有许可证书的无线麦克风。这些麦克风各自配备了专用的频率（1支麦克风配有1个频道）。在日本，不管去哪里都不会出现信号干扰的情况，B波段则经常会有混用的风险。因此，有些活动会场和棒球场是禁用B波段的。

举个信号干扰的例子：唱卡拉OK和场内广播等大多使用的是B波段，经常出现信号干扰的情况。即便刚开始拍摄

SONY UMP-D21，发射器与接收器的套装，实际售价在65 000日元左右

时没有信号干扰，中途突然出现信号干扰的情况也并不少见。SONY UMP系列搭载了避免信号干扰的功能，它会为我们自动搜索没有使用过的频率（频道），不但使用方便，而且设定起来很迅速。另外，有的发射器能够直接连接枪式麦克风。最近，手持麦克风和枪式麦克风逐渐被无线麦克风取代了。因为在拍摄现场处理麦克风的音频线非常耗费时间，无线麦克风将可能成为今后的主流。

SONY UMP系列还附有音量电平表，这一点是非常难得的。因为声音的大小因人而异，所以我们需要借助无线麦克风的发射器来调整音量。也就是说，如果不把音量调到最佳状态，可能出现音质下降或者发生破音等各种问题。

从这个意义上来说，我认为SONY UMP系列无论是从价格来说，还是从性能来说都非常出色。

装在枪式麦克风与手持麦克风的XLR接线柱的发射器SONY UTX-P40

RAMSA——广播用的无线麦克风

RAMSA是Panasonic旗下的专业音响设备品牌。在预算充足的电影制作中，我们一般使用的都是这种级别的麦克风。前面提到的SONY UMP系列是“满足业务需要的级别”，虽然也是专业麦克风，但是在电影等严格追求高品质的拍摄现场，SONY UMP系列无法满足其需求。

RAMSA属于“广播级别”的麦克风，音质与电波规格等都是顶级品质。

业务用的无线麦克风与广播用的无线麦克风的差异，也许在音响齐备的电影院能看出来。在声音信号转变为电信号时，无线麦克风通常具备压缩声音、降低杂音的功能，相当于照片上所说的压缩成JPEG格式。业务用的无线麦克风压缩程度更高，广播用的无线麦克风则更像未经压缩的产品。

用照片来举例说明的话，业务用是不可逆压缩，广播用是不压缩（或可逆压缩）。

上述内容虽然在讲解广播用的无线麦克风的优点，但现实问题是目前很少有人能分清业务用和广播用这两种音响设备之间的差别。其实，在电影中有工作人员会对声音进行精修，以此避免出现业务用与广播用的差异。有时为了尽可能减少现场的故障，或者应对接收器的天线被换成有指向性的设备等状况，我们会使用广播用的无线麦克风。也就是说，从音质这个角度来说，业务用和广播用的实用层面上的差异不大（类似于将领夹式麦克风特有的声音加工成自然状态的声音）。当然，如果预算充足，再加上有几个助手的话，我还是会用广播用的音响设备。

廉价的蓝牙麦克风存在延迟问题

1万日元左右就能买到蓝牙麦克风。这种麦克风不仅设定步骤简单，还能在内部处理破音问题（内置限幅器），初学者能够轻松上手。

不过，蓝牙麦克风也存在几个问题。

【蓝牙麦克风会延迟】

蓝牙麦克风的一个问题是声音延迟。蓝牙连接会进行数字化的压缩、解压。由于蓝牙麦克风是双向通信的，除声音之外还进行着各种信息的交换，避免声音出现中断。蓝牙麦克风不仅节省电力，体形也十分小巧。上述的无线麦克风为避免声音中断而搭载了多种电路，因此体积也变大了。蓝牙麦克风则省略了这一部分，通过数字化处理来修复受损音质（杂音或声音中断）后输出。也就是说，蓝牙麦克风先将声音储存起来，然后与接收方进行比较，确认是否相同。如果发生音质受损的问题，就会通过重新发送等方式来避免声音上的损坏。因此，在储存声音的时间内就会出现声音的延迟现象。

声音的延迟约为1～6ms（0.001～0.006s），不同产品的延迟时间也不一样。根据无线电波的状况，延迟时间会发生变化。因此，有些蓝牙麦克风的产品说明上会注明“最多延迟4ms”等信息。

如果蓝牙麦克风有3ms的延迟，我们用耳朵就能听出来。如果蓝牙麦克风和没有延迟的麦克风混在一起，听起来就像麦克风的回音。

【音质各不相同】

蓝牙麦克风的音质各有不同，有优质的，也有完全用不了的。虽然存在内置麦克风的机型，但如果连接外部麦克风的话，音质在很大程度上取决于麦克风的性能。所以也有声音上有所延迟，但能够以高音质进行录音的机型。

不同产品之间存在着差异，廉价的蓝牙麦克风往往会将声音压缩得更厉害，频率特性也会变差，有时高音部分听起来就像是被削弱过的老式电话声。

【如果是自媒体的话，就选择SONY ECM-AW4】

在廉价的蓝牙麦克风中，我使用的是SONY ECM-AW4。延迟时间虽然没有公开说明，但大概为5ms。由于蓝牙麦克风内设接收器，所以只需将其放在胸前的口袋里，就能很好地拾取声音，也可以使用插入式电源的领夹式麦克风（推荐使用SONY纯正）。如果想要高音质录音的话，使用领夹式麦克风会更好一些。

另外，该产品的优势在于可以作为收发器。只要将该产品连接上发射器，就可以听到接收器那边的声音，同样也能将该产品与接收器相连。即便没有摄像机，也可以将该产品作为收发器来使用。遇到有一定间隔距离的拍摄活动时，这种蓝牙麦克风就能大放异彩了。

SONY ECM-AW4 C，内置麦克风和单独发售的领夹式麦克风均可使用，能够作为收发器使用是其特点之一

当然，由于声音延迟较为严重，剪辑时最好错开1帧。不过，实际上在自媒体上公开的影像，几乎没人会在意声音是否存在延迟，这取决于你的使用方式及作品风格。

音质方面的话，如果低音在300Hz左右发生衰减，就会导致声音听起来有些不好。但要是女性的声音，就无须在意这一点了。输出从耳机接线柱连接到摄像机端的麦克风接线柱，几乎支持所有SONY生产的单反相机或摄像机。

顺便一提，耳机接线柱的输出电平介于麦克风电平与线路电平之间，有些摄像机也会发生电平不吻合的情况。设定好麦克风电平后，如果不降低麦克风音量的话，还是行不通的。

其他的数码无线麦克风

业务用的无线麦克风也有数码式的。这种麦克风出现信号干扰和破音的可能性较小，音质上有所保障，但是也存在前面提到的“声音延迟”问题。蓝牙是通用协议，可以用来连接各种数字设备，而数码无线麦克风则比较适合使用独立协议来传递声音。

像这样最新的数码无线麦克风，世界上的厂商都在持续不断地开发着，数码无线麦克风的前景一片光明。数码无线麦克风不仅体积小、省电，还不用担心信号干扰，音质也越来越趋向于广播音质，今后应该会不断投入使用。

如何看待声音延迟问题

应该如何看待上述数码无线麦克风的声音延迟问题呢？我们将在第5章进行解说，如果将影像与声音分开记录的话（也就是用录音机记录声音），就不会出现声音延迟的问题，因为可以利用剪辑将这两者进行拼接。

如果是直接将声音导入摄像机的情况，我们有必要在剪辑时错开声音。不管怎么说，也有那种低价格、高品质的产品，所以我认为借助剪辑软件的力量来提高作品质量就可以了。

存在声音延迟问题的麦克风很难与其他麦克风一起使用

存在声音延迟的麦克风，最大的问题在于同时使用多支麦克风。如果是同一款麦克风，由于声音延迟时间相同，所以即便使用多支麦克风也没有关系。但若与连接音频线的枪式麦克风等一起混用，就会产生类似回音的声音。一旦这些声音混在一起，就算是剪辑也拯救不了。

为了解决这个问题，我们需要利用能够应对声音延迟的混音器（录音机）。在最新的数码录音机中，有些产品具备延迟记录和输入声音的功能。也就是说，它可以让没

ZOOM F8n

有延迟的麦克风出现延迟，让其他的麦克风来配合最慢的麦克风。ZOOM公司的F8、F8n、F6，以及TASCM公司的DR-701D等产品都具备这项功能。

想要使用多支无线麦克风的情况

在专业现场，想要使用无线麦克风往往是因为存在多名说话者，但同时使用多支无线麦克风会产生一些问题。在此，先介绍一下同时使用多支无线麦克风会产生的问题和需要注意的地方。实际中如何操作将在第5章中解说。

混音器是必备品

使用多支无线麦克风的话，混音器是必备品。但如果使用两支无线麦克风，在没有混音器的情况下，也可以将其用两根独立的音频线（立体音响的两条线）连在一起，但必须各自调整音量。如果使用三支以上的无线麦克风，那么混音器就不可或缺了。

多支麦克风容易出现回音问题

同时使用多支麦克风进行类似座谈会的拍摄活动时，有时会出现录音中有回响（回音）的情况，这是因为一个人的声音被多支麦克风同时拾取了。与说话者的麦克风相比，稍远处的麦克风拾取声音的速度稍有延迟，所以听起来像回音。特别是在音量过高的情况下，回音尤为明显。如果处在本身就有回音的室内，这种回音就会变得更大。

为了避免这种回音，我们只能降低不说话者的麦克风音量。实际上，也存在那种能够自动降低不说话者的麦克风音量的混音器。如果是独自拍摄的情况，使用这种混音器更易于规避上述的回音问题。

现在，能够对多支麦克风进行自动调整的产品有ZOOM公司的F8、F8n、F6这几款。

在使用没有自动调整功能的混音器时，注意不要将麦克风音量调得过高，这样回音才不会过于明显。不过，如果最终麦克风拾取到的声音包含回音，那么在剪辑时加入背景音乐等能够掩饰过去。

无线麦克风的实际应用

接下来，我来介绍一下在现场使用无线麦克风时的要点。

利用衰减器（ND滤光片）调整到最佳音量

与枪式麦克风等有线麦克风相比，无线麦克风的最大区别在于发射器设有麦克风音量。与音频线相比，无线电波上所载入的音量幅度较窄，所以在通过无线电波传递声音之前需要调整音量。

衰减器类似于相机中的ND滤光片。为了避免声音过大而产生破音，我们需要降低说话者的音量。不管是日常工作还是广播活动，都需要用到衰减器。好像很多非专业领域的麦克风都没有衰减器，所以一般情况下，我们可以提醒说话者控制音量，或者调整无线麦克风的安装位置，利用这些方法来避免破音。

SONY UMP的设定

以SONY UMP系列为例，其使用方法与ND滤光片相似。衰减器有几个等级，具体分为3dB、6dB、9dB、12dB四种（数值越大，衰减量越多）。一般来说，衰减器的出厂设定值是9dB，大概从制造商的角度出发，认为9dB足以应对普通的录音活动吧。

不过，在实际的应用场合，我们会发现电视节目设定在6～9dB正好合适。如果是电影的话，由于小声说话的场合增多了，所以衰减量设定在3～6dB（与调高音量同理）。SONY UMP系列在接收器上设有音量电平表，如果设定为9dB，电平表就会在标准线附近移动，大概是-20dB，所以设为9dB是不会那么容易破音的。即便将衰减量设定为6dB，我认为在日常对话或念台词时也不会出现破音问题。如果设定为9dB，将接收器与混音器相连接，由于其音量与标准麦克风的输出音量相同，将发射器设为6dB（即灵敏度提高）后，如果调低混音器的音量，那么电流噪声也会随之下降。

顺便说一下，SONY UMP的产品手册上写到，在使用领夹式麦克风时，应该将衰减器的数值设定为0dB使用。但是，这在实际使用时会立刻出现破音问题，所以实际应用中大多将衰减器的数值设在3～6dB使用。

第 4 章 · 实践

灵活使用领夹式麦克风和无线麦克风

RECORDING HANDBOOK

5

实践 Practice

第5章・实践

使用便携式录音机吧

便携式录音机是专业人士的必备品

如果想要用高音质设备记录声音的话，还是需要引入专门的音响设备的，这一点无须赘言。摄像机并不是专业的音响设备，因此你需要的是便携式录音机。

便携式录音机是集混音器与记录仪于一体的设备。在同时使用多支麦克风或专业麦克风的情况下，便携式录音机具有与声音相关的多种功能。

什么是便携式录音机

如果想录制到好的音质，就要避免将麦克风直接连接摄像机。虽然摄像机在图像质量上达到了电影摄像机的水准，但在声音层面上还是无法与音响设备相提并论的。

说得更简单一点，便携式录音机虽然也是通过连接麦克风进行录音的，但录音音质是非常好的。

近来，可以用在摄像机上的便携式录音机被大量开发出来。新产品不断投入市场，发展速度之快让我们这些专业的录音人员无法超越，并且这些产品的可操作性能和音响性能也在不断提高。

便携式录音机可以由电池驱动。说得夸张一点，在当下这个时代，如果只是想提高音质的话，在室外我们也可以创造出录音室一样的环境。

ZOOM F8n，
是具有电影拍摄特殊功能的实力派，售价在 14万日元左右

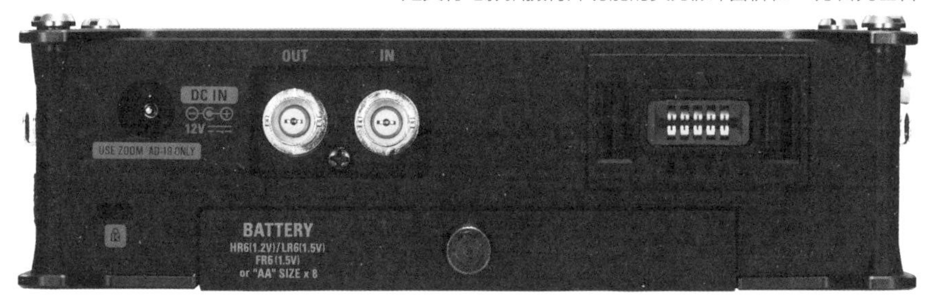

ZOOM F8n 的背面。ZOOM F8n 可以由电池驱动

为什么不能直接连上摄像机呢

摄像机和普通的专业摄像机的音频规格都是“48kHz/16bit”，与CD的音频规格“44.1kHz/16bit”相比，音频采样率（将1秒时间分解为多少次就是连拍速度）更高（48kHz），采样精度（将声音的大小分解为几个阶段来记录）相同（16bit）。也就是说，摄像机和普通的专业摄像机的音质都超过了CD。光看这个的话，似乎直接将麦克风连上摄像机也没有关系。

音频采样率越高，越有可能记录高音。音频采样率的二分之一相当于能够记录的声音的最高频率。换句话说，音频采样率为48kHz，最高收录频率是24kHz。

另外，我认为将采样精度与图像的采样精度关联考虑就可以。也就是说，16bit这个采样精度不扩大也不会有问题，和照片一样，一旦将照片放大（调高音量）就会显得粗糙。具体来说，微小的声音进入摄像机，剪辑时若是调大声音，音质就会下降。

在无须调整音量的状态下，如果剪辑时可以利用摄像机的声音记录功能记录声音的话，那么从性能上来看也是没有问题的。这在业界被称为录屏，也就是无须调整音量的录音状态。但从上述的采样精度来看，性能上有些不足。

使用数码便携式混音器吧

如果重视声音的话，建议将麦克风连接便携式录音机后再去录音。在专业的录制现场，这一点是理所当然的。

便携式混音器是集混音器和录音机（录音装置）于一体的设备。数码式是指调整音量、限幅、记录等工作都在数字信号中进行。

关于数字信号（DSP）的音质，大家的评价褒贬不一。理论上来说，我认为这是超越模拟信号的超高音质，且噪声非常小。也就是说，信噪比非常高，频率特性也很平坦。

音响性能最高能达到96kHz/24bit，而采样率达到48kHz就足够了。如果采样率达到了48kHz，甚至可以完美地记录20kHz的高音。因为麦克风的上限是20kHz，即便便携式混音器的记录功能超过了20kHz，麦克风也无法匹配这一频率。因此，我一直采用48kHz/24bit的格式录音。

如果具备高信噪比（96dB以上）和24bit采样精度的话，那么调低音量后再去录音也是可以的，这是因为即便剪辑时调高音量也能保证出色的音质。近来，即便价格低廉的录音机，采样精度也达到了24bit，市场上甚至还出现了采样精度为32bit的机型。

不过，我们曾在第3章中提到，调低音量后再去录音的话，由于不知道环境音会在多大程度上影响声音（环境音会以人耳听不到的音量被记录下来），一旦剪辑时试图调高音量，环境音就会随之变大，那么声音就会听起来很刺耳。

从拍摄角度来理解的话，拍摄时虽然一直通过小型监视器查看画面，可往往导入电脑后才发现拍到了奇怪的东西，这与出来噪声是同一个道理。

用于摄像机的便携式混音器

我们能够以较低的价格购入没有搭载录音机的便携式混音器。当使用需要幻象电源的枪式麦克风或者使用多支麦克风时，便携式混音器是必不可少的。由于同时具备限幅器与低通滤波器，便携式混音器不仅可以完美地避免录音失败，还能以较低的价格购入。不过，搭载录音机的便携式混音器价格也不高，如果要购入的话，我推荐购入便携式录音机。

丰富的外部输入十分便利

很多混音器都支持4ch（同时使用4支麦克风），通过接入不同的音频线，不仅可以导入手机的音频，还能播放音乐播放器里的各种音乐。

连接音响设备（音乐播放器等）时，一定要调整麦克风电平，且必须对应音响设备的输出规格，线路电平的声音要比麦克风电平的声音更大。特别是像SONY相机α系列只能输入麦克风电平（输入线路电平就会产生破音），如果想要将音响设备连上这样的设备，便携式混音器就变得尤为必要了。

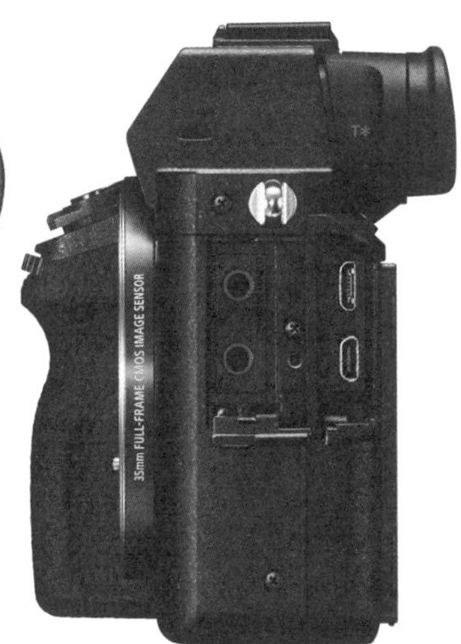

相机的麦克风接线柱是3.5mm的，基本上只能输入麦克风电平

摄像机与便携式录音机的设定

在录音过程中，可以利用摄像机和便携式录音机同时进行记录录音。也就是说，同时利用标准音质的摄像机和高音质的便携式录音机去录制声音，然后剪辑完成录音作品，逐渐成为如今的拍摄手法。

用高音质的便携式录音机录音吧

用高音质的便携式录音机进行录音，用摄影来理解就是RAW图像。前面说过，如果用超过24bit的采样精度的设备去录音的话，即便剪辑时经过各种各样的加工，也能够保证音质。

特别是目前的数字剪辑技术非常高超，可以消除各种背景噪声，如只让汽车的声音消失。在这种情况下，如果录音素材的采样精度超过了24bit，那么也能够保证较好的音质。

在不与摄像机连接的情况下使用吧

连接便携式录音机和摄像机的（向摄像机传递声音）是3.5mm接线柱。如果3.5mm接线柱的音频线比较短也没有关系，只不过会有音频线脱落的风险和前述的采样精度问题。因此，在很多专业的录制现场，我们都不会将来自便携式录音机的声音导入摄像机。俗称“打场记板”这种胶片时代的做法逐渐回到大家的视野。

也就是说，剪辑时要对准声音的开头部分。因此，拍摄时摄像机只能灵活使用内置的麦克风。根据摄像机记录下来的声音，将便携式录音机里的声音贴合到画面中去。

在实际的拍摄中，在片头或片尾我们可以插入场记板。在没有场记板的情况下，可以在摄像机前拍手示意。剪辑时，以那个动作和声音为记号，将影像和便携式录音机记录的声音合在一起（这个叫作同步）。目前的剪辑软件都会自动同步画音，所以并没有那么难。

不过，如果没有时间剪辑，就要利用音频线将便携式录音机的声音导入摄像机中，下面我们来说一下具体的操作方法。

如何连接音频线

如果必须连接音频线的话，我们该怎么办呢？

首先，切换便携式录音机（混音器）的输出电平。便携式录音机的输出电平分为抗噪性强的线路电平和麦克风电平，应该根据摄像机的规格来决定使用哪种电平。如果有线路电平，那么线路电平是最好的选择；如果没有线路电平，那么需要切换到麦克风电平。

摄像机需要使用的是3.5mm接线柱（迷你插孔），便携式录音机的输出需要连接XLR接线柱，所以需要用到转换音频线。实际上，迷你插孔和XLR接线柱的转换线从外观上看很相似，但其实分为好几种。迷你插孔是三环四节，XLR接线柱是三线的单声道平衡型（噪声消除结构），而摄像机通常是立体声输入的。也就是说，虽然摄像机端是平衡型的，但是较为特殊，如果不将平衡型转换成单声道，就无法连接便携式录音机。因此，需要购入所持摄像机对应的XLR接线柱转换音频线。

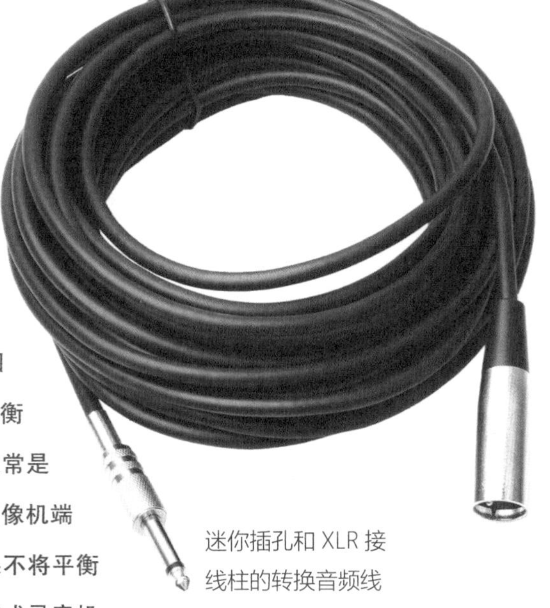

迷你插孔和 XLR 接线柱的转换音频线

利用基准信号调节音量

连接好音频线之后，便携式录音机就会发出基准信号。基准信号是“哔”的声音，也就是1kHz、-20dB的声音。手动调整摄像机端的麦克风音量，使音量电平表达到-20dB（如果没有数值，那么有标记的地方就是-20dB）。

如果调整好了麦克风音量，音量电平表还是没能达到-20dB，这种情况可能是因为便携式录音机端的输出设定（线路电平或麦克风电平）和摄像机端的输入设定（线路电平或麦克风电平）不吻合，这时需要将两端统一变成线路电平。但如果是SONY α系列这种只有麦克风电平的摄像机，那就需要将便携式录音机变成麦克风电平。这样一来，便携式录音机的音量电平表和摄像机的音量电平表就能显示出相同的数值了。

摄像机声音的瞬间延迟

连接好音频线后，戴上耳机确认声音是否清晰。将耳机连接摄像机，听到的声音似乎比实际的声音延迟了一会儿，接下来我要说的就是这个问题。

摄像机和便携式录音机同时记录声音的时代

我在这里试着总结了一下摄像机和便携式录音机同步记录声音的要点。

可以选择是否连接摄像机和音频线

在使用便携式录音机时，我们可以选择将混合后的声音（混音）用音频线传输给摄像机，当然也可以选择不传输。如果用音频线连接的话，剪辑就会变得非常轻松。但是，像24bit这样的高音质在很多摄像机中都是无法被记录下来的。在创作重视音质的作品时，我们会将便携式录音机里记录下来的声音（文件）与摄像机里记录下来的影像进行同步后，再去完成最后的剪辑工作。

有时还会发生这样的情况：在电影的拍摄现场，“分离式”或“同步式”，也就是不将摄像机与便携式录音机用音频线连接起来拍摄的情况增多了。传统的做法是在摄像机前打场记板，然后剪辑时将动作和“咔嚓”声合在一起。但是，现在的摄像机中的麦克风也能发挥很大的作用，将摄像机里的“咔嚓”声和声音文件里的“咔嚓”声合在一起的声音同步逐渐成为主流。也就是说，没有必要加入场记板后再去拍摄。但是，拍摄电影与声音同步没有关系，如果不在开头导入场景顺序的话，剪辑时选择文件就会变得非常困难，所以还是要记录一下场景顺序的。

连接音频线时的要点

便携式录音机是多声道录音的（分别保存在好几支麦克风中），因此将混合后的声音导入摄像机是没有意义的。但是，电视节目等优先考虑剪辑效率，所以自然会将音频线连接摄像机。在这种情况下，选择好将音频线连接到摄像机的哪种电平（线路电平或麦克风电平），发送基准信号后再去调整摄像机端的电平。

混音器的基本操作

下面来介绍混音器的基本操作。

输入设定和输出设定

实际上，专业混音器都设有输入音量和输出音量。按照设定声音的流程，我们来说一下从输入到输出的设定（操作）方法吧。

【1. 输入音量(trim)】

输入音量叫作“trim”，有时也叫作“pre fader”（最初音量），设定好后就不要再去触碰了。

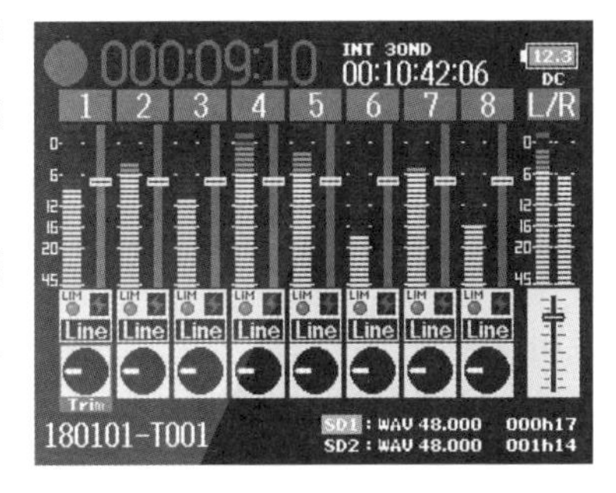

以想录到的声音的最大音量为标准去调整trim。当最大音量进入的时候，将混音器的音量电平表调到-12dB左右。实际上，根据音质的不同，有时也会设置成更高的数值（如稍稍低于-6dB）。不管怎样，调整到在最大音量下不会出现破音、不会触及限幅器的程度就可以了。

为什么会有这个音量呢？这是因为使用的麦克风不同，输出的电平也不一样。

【2. 处理各种滤波器】

trim调到了最大值，接下来要通过各种滤波器，如均衡器、压缩器等。不过，如果是多声道录音机，那么声音只会通过限幅器和滤波器。

如果是多声道录音机，就可以利用其将通过滤波器的声音录制并记录下来。可能你已经注意到了，由于不改动trim，所以记录下来的声音相当于说话时的“录屏”。也就是说，即便在多声道文件中没有出现破音问题，声音也会以过大或过小的状态被记录下来，这在摄影中叫作RAW数据。不过，具体情况视录音机种类而变。

【3. 输出音量(fader)】

通过滤波器的声音，在进行调整后称为“fader”（输出音量），有时也叫作“post fader”（后段音量）。

在拍摄过程中，录音部门一直调整的就是fader，他们将小的声音调大，将大的声音调小。当然，录音部门都是边听边实时调整的。

拍电影的时候，我们要举起一边看剧本一边说话的演员的麦克风，放下其他人的麦克风。即使只有一支麦克风，也不要在启动麦克风的瞬间放下，以免混入操作的声音，我们需要不停地移动麦克风。如果你能看到资深录音师的操作，那简直就像手指在跳舞一样精彩。

fader调整后的声音叫作“混音”。即便是多声道，声音最后也会全部混合在一起，变成立体双声道或单声道。

【4. 输出限幅器】

输出的混音通过最后的限幅器后，经音频线输出到摄像机等设备。最终输出的声音要通过限幅器。限幅器是一个安全阀，可以避免在fader中音量提高过度的声音在摄像机中出现破音。

我们用耳机听到的就是通过最后的限幅器的声音。另外，作为混音保存下来的也是通过最后的限幅器的声音。

多声道的声音是RAW数据

也许你已经注意到了，每支麦克风的声音，即多声道的声音会在fader前被记录下来（保存成文件）。也就是说，trim的最高音量会被降低到不超过音量电平表的程度。

我们将通过限幅器和低通滤波器的声音记录下来。换句话说，除了大音量的声音，其他声音都是直接从麦克风传过来的原始声音，可以说类似于RAW数据。

混音是fader调整过的声音，也就是录音师们想要得到的调整后的声音。

有时候是为了让远处传来的声音听起来有距离感，有时候是为了降低没有说话的人的fader，防止混入杂音。这些声音都可以称为加工后的声音。不过，有些录音机只有trim，这种情况下每支麦克风的声音和混音是相同的。

fader的使用方法

看一看写在fader操作把手上的数值，从上往下四分之一处会有一个较粗的标记写着“0dB”。这里的0dB指的是直接采用trim。也就是说，如果将fader设为0dB，就和RAW数据的音量是一样的。

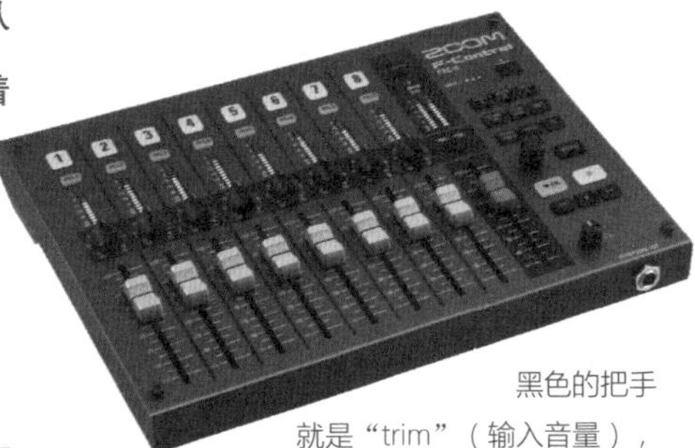

黑色的把手
就是“trim”（输入音量），
纵向的滑动条就是“fader”（输出音量）

如果设定的音量大于0dB，那么声音在混音器中就会被放大，超过trim。相反，如果设定的音量小于0dB，那么声音就会比trim小。

调高fader意味着调高摄像机的增益音量。如果是信噪比不好的混音器，噪声就会出现。不过，目前的数码混音器，即便将fader调到最大，也不会产生太大的噪声，所以我认为没必要太过在意。另外，如果将trim设为最大值（–12dB），将fader设为最大值

（+12dB），就会在原来的-12dB上加上12dB，意味着最终音量变为0dB，接近于破音的状态。通过trim将音量控制在-12dB，实际上是为了使fader调高声音时也不会出现破音。在录音现场，有时会因为不小心碰到fader而导致音量变得非常大或非常小。为了避免此类事故的发生，我们在专业设备上花费了很多心思。

有些混音器只有trim

上面介绍的是录音部门使用的混音器，录音室的混音器也是同样的操作。另外，如果是用于个人拍摄的录音设备，大部分的混音器（录音机）都只有trim，没有fader。如果无法实时调控，那么fader也就没有必要了。

由于在持续的录制过程中能够调整的旋钮只有trim，所以输出时的fader值是0dB，即增益量为0，也就是说，输出的是RAW格式的音频。

没有fader的混音器设定

如果你确定不用fader调高音量（即选择没有fader的混音器），那么将trim的调整值提高到-6dB也没有关系。尽可能地将音量提高，对于音质来说是有利的。

不过，无论如何我们都要避免出现破音。破音与限幅器有着密切的关系，提前在这里讲解一下吧。

不同公司、产品的限幅器各有不同

限幅器具有避免产生破音而自动降低音量的功能。这项功能看似简单，实际上相当复杂。简单来说，当过大的声音进入的时候，限幅器会降低这段声音的音量。如果降低得太多，声音会突然变小，给人一种不自然的感觉；可如果不降低音量，又会出现破音。而且，就像敲鼓声一样，只在一瞬间发出巨大的声音，然后声音逐渐减小。如果是性能好的限幅器，我们都不会察觉到限幅器是否发挥了作用。

或许你没有过调整限幅器的经历，现在来说一下限幅器。

普通的限幅器是通过attack（初始变化）、threshold（阈值，进入限幅器的音量）、release （限幅器存续时间）三个数值来进行调整的。但是，在电影或采访等场合几乎没有时间去探寻最佳数值，所以通常只能交给器材决定。不过，如果经历了长时间的技术积累，再加上生产商的推荐数值，那么基本上就不会有问题了。但是，如果出现突然大声念台词等情况，限幅器一直保持运转的话，音质也会改变。因此，最好将限幅器作为保留手段，主要还是通过不断调整trim来控制音量，以此来避免使用限幅器。

查看限幅器警示灯

我们通过警示灯来判断设备是否加入了限幅器。便携式录音机上一般会设有限幅器警示灯。如果警示灯亮起，就可以判断出声音的音量过大了。

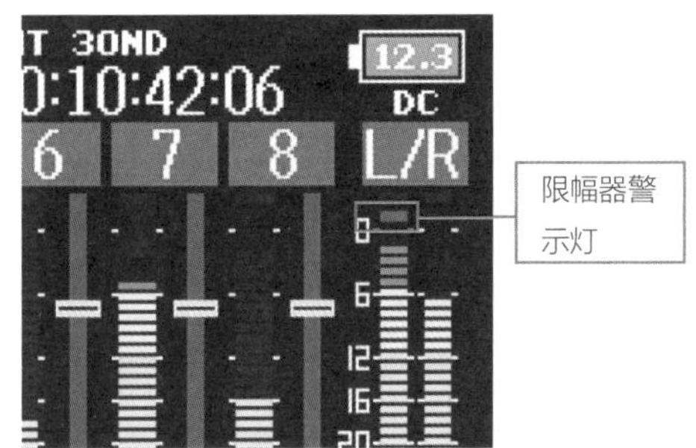

不过，有时摄像机的音量电平表上没有安装警示灯。这种情况下，需要通过查看音量电平表判断音量是否达到了饱和。音量电平表的数值快速上升，却没有达到最大，这种情况一般可以判断为限幅器发挥了作用。

部分混音器拥有出色的限幅器

实际上，目前的数码混音器，即便加入了限幅器，我们也察觉不到由此带来的音质变化。模拟信号时代也有专门的限幅器，让人几乎感受不到音质上的变化，使用起来十分方便。

我十分中意ZOOM F系列的高级限幅器。这款限幅器可以在一瞬间将输入进来的声音储存起来，然后判断输入声音的音量是否过大，再将音量调整到合适的大小。不过，这款限幅器也会产生1ms的延迟。但是，是否加入了限幅器，我们从音质变化上几乎无法感知。我认为这款限幅器可以代替调音台（将音量调整到能够听清的程度）。也就是说，如果是采访等比起音质更重视听清内容的录音，那就将trim设定得高一些，然后提前将限幅器调整到即便是普通的说话声也能发挥作用的工作状态。这样一来，小音量的声音能够提高到容易听清的程度，大音量的声音也会被限幅器降低。小音量与大音量之间的音量差变小，声音也就变得容易听清了。不过，原本应该使用一种叫作压缩器的滤波器，但利用上述操作也能达到相同的效果。在制作电视节目或广播节目的时候，我一直都使用这个方法。如果限幅器的性能出色，我们就可以进行这样的简化操作。当然了，录得小声一些（即限幅器不会发挥作用的trim），在剪辑时使用压缩器就好了。但是，如果在录制现场就能够达到让声音接近完成的状态，会更加节省时间，所以我建议大家还是使用这样的设定方法吧。

在音量多大时需要加入限幅器呢

这里来说一下限幅器工作时的音量设定。

在许多便携式录音机上，限幅器的设定值可以选择–3dB、–6dB、–9dB、–12dB。如果声音超过这里面的某个数值的话，就将音量下调到这个数值。

这个数值越大，范围就越广（最小音量和最大音量的差就越大）。也就是说，–3dB的范围最广。如果将数值设定为–12dB，我们调低最大音量，范围就会变小。

如果将数值设定为–12dB，限幅器几乎能对所有的声音发挥作用。这样一来，虽然声音变得清晰悦耳，但会减弱声音的自然感觉。换句话说，如果将新闻解说的录音内容设定为–12dB，虽然这个状态下的声音是很清晰的，但音质绝对不是最佳的。如果是歌声，将数值设定为–3dB，范围就会变广。范围越广，声音就会越自然。不过，在这样的条件下录音，声音会变得时大时小，很难听清。

所以，我一直将数值设定为–6dB。不管是什么类型的声音，这个数值都是可以使用的。如果重视原始声音的话，将限幅器的输入数值设定为–3dB也是可以的。

多声道影像剪辑的要点

如果只考虑音质，将影像和声音分开录制就可以了。但是，这样一来剪辑就会变得非常麻烦。所以，我们必须将影像与声音结合起来（也就是同步）。那么实际状况如何呢?

我们在剪辑时如何处理利用分离式（摄像机与录音机分开）拍摄的素材呢？其实不管是Premiere还是Final Cut Pro X，都具备影像与声音自动同步的功能。不过，这种情况都要求影像中带有现场的声音（摄像机里麦克风的声音）。上述的专业剪辑软件会比较影像的声音（摄像机里麦克风的声音）与录音机的声音，找到相同的声音后自动实现画音同步。

不过，如果拍摄的素材很多的话（电影等有数千个镜头），这项工作就会变得极其烦琐。到头来，我们还需要手动来实现画音同步。

ZOOM F8n可以在现场加入场景序号等

电影会有非常多的场景数、镜头数、音轨数。一般的电影有80～90个场景，一个场景大概有10个镜头，一个镜头有5个音轨（重新拍摄的次数），最多会有4500个视频文件（文件夹数），相同数量的声音文件的组合很多（多声道：将多支麦克风的声音分别存在不同的文件中，因此声道文件也会增加）。

在进行多声道录音的情况下，4支麦克风同时录制声音，将混音文件（用立体声将多声道的声音混合在一起的文件）加在一起，就会变成22 500个文件，是4500的5倍。要让这些文件都能达到画音同步，是一项非常繁重的工作。

基于这种现状，ZOOM公司的F8n具备将场景序号、镜头序号、音轨序号作为文件名称的功能。其中，镜头序号是利用1个按钮往前移的，音轨序号的顺序是自动往前移的。

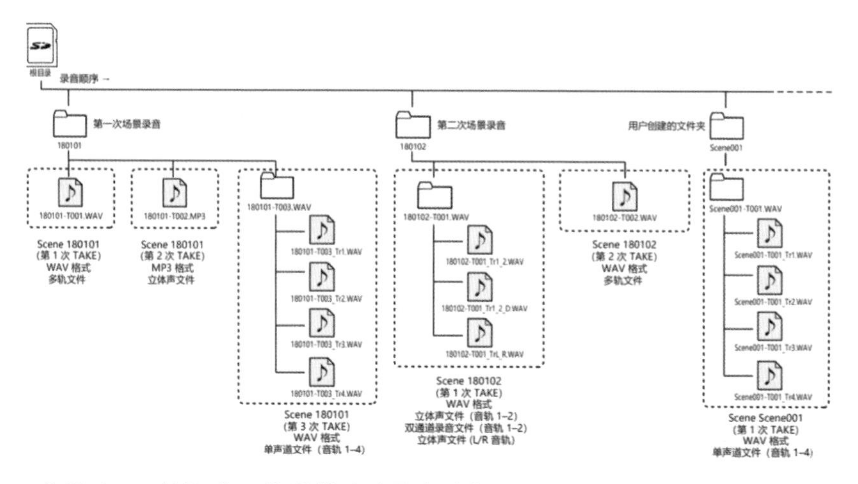

剪辑时，只抽取“OK”的镜头（导演说出OK 的镜头和音轨）进行剪辑。在拍摄现场，记录员（场记员）会记录下导演“场景5的3镜头的4音轨OK了”，然后将这个记录交给剪辑人员。剪辑人员会根据这些记录找到对应的影像文件，然后排序。这时如果音频文件是其他素材的话，我们就有必要寻找音频素材了。在ZOOM F8n中，文件名是场景序号、镜头序号、音轨序号，所以不用听声音就能找到目标文件。

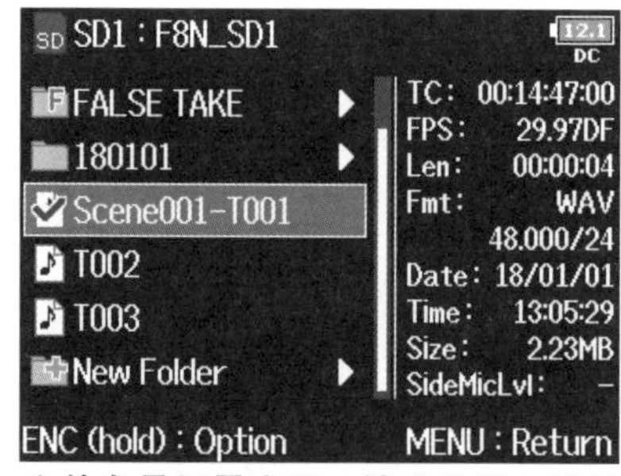

时间码同步十分便利

虽然依靠上述的文件名进行剪辑很方便，但是还有另一种同步方法，就是时间码同步。用同一时钟（同步信号）记录下影像文件和音频文件，然后剪辑时再用同一时钟进行同步工作。通过文件上的时间标记（被记录下来的日期和时间），我们就能知道哪些视频和声音是在同一时间录制下来的，但是无法对齐开始的位置。另外，在剪辑的时候，我们如果对影像进行剪

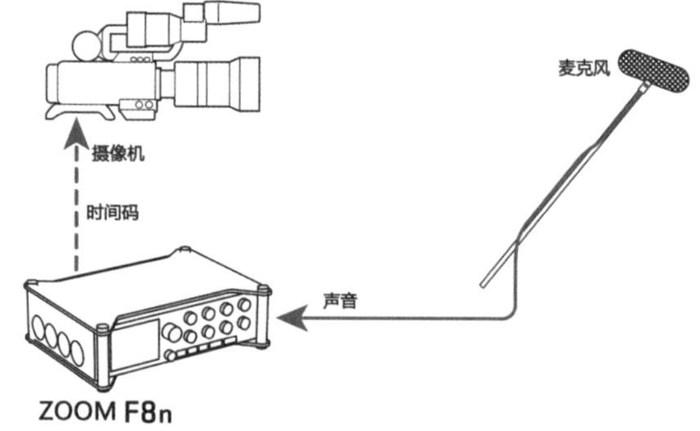

ZOOM F8n 具备生成时间码的功能，但是如果摄像机端没有接受时间码的功能，那么也是无法利用时间码同步这个方法的。摄像机中只有 GH5S 和 S1H 具备这种功能。上图取自 ZOOM F8n 的解说

辑，那么声音的同步也会变得困难。不过，如果影像和声音都记录了相同的时间码，那么就可以轻松地实现画音同步了。

如果想要进行时间码同步的话，那就要求摄像机和录音机必须具备时间码同步功能。

通过HDMI的时间码同步

令人遗憾的是，普通的摄像机没有时间码同步功能。但是，有些最新的录音机具备经由HDMI的同步功能，TASCAM DR-701D就是其中一种。HDMI是影像信号，但是也可以加载声音、时间码、录音的开关等信号。

TASCAM DR-701D具备将从摄像机端传递过来的时间码赋予声音文件的功能，也就是可以实现时间码同步。另外，TASCAM DR-701D可以将HDMI输入的影像和多声道的声音进行同步，再由HDMI输出。HDMI最多可以载入8ch的声音，影像和多声道的声音就能合成一个影像。但是，输出的影像必须用某种设备录下来。所以，我们需要在外部连接ATMOS公司的SHOGUN等视频录音机进行录制。

如果能做到这一步的话，那就是较为先进的系统了。

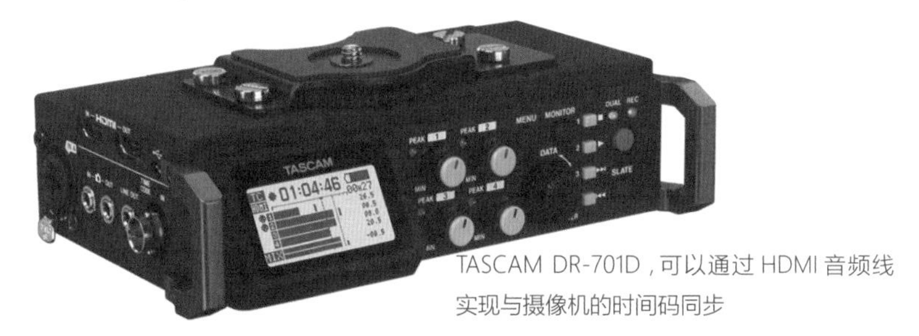

TASCAM DR-701D，可以通过 HDMI 音频线实现与摄像机的时间码同步

即便拥有出色的录音设备，没有技巧的话也不行

不过，利用上述的系统虽然可以达到完全的多声道和高音质的录制状态，但是我在第1章也写过，不管录音设备的性能多么出色，麦克风的使用方法对音质的影响是压倒性的。因此，比起录音机，将对于器材的投资放到麦克风上反而更好。此外，比起器材，考虑一下如何运用录音技巧更重要。

比起高画质的相机，选择效果出众的镜头、构图、灯光更重要，录音也是同样的道理。不管多么好的设备，如果使用方法不当的话，也就没有任何意义了。这就好比不管使用分辨率多高的相机，如果对不上焦，决定不了构图的话，那也是没有意义的。

下一章我们就来讲述实际的麦克风操作。

实践 Practice

第6章 · 实践 自媒体、电视的录音

自媒体和电视对声音的音量大小都有相关的规定，我们在进行录音工作时有必要遵循这些规定，我们把这些规定叫作“响度规定”。之前自媒体并没有类似规定，不过最近也逐渐引入了。这是一种制作声音的适当方法，自媒体也可以随意对声音进行调整了。

但这样一来，创作者们可能无法得到自己想要的声音。

下面，我们来说一下声音的规定。

自媒体和电视有规定的声音

请回想一下好的声音是什么？在电视中，声音的必要条件有3个：①人声清晰；②音量适中；③符合响度规定。

1. 人声清晰

在本书中不止一次出现过“人声清晰”。声音听起来是否清晰，取决于声音是否处在拾音范围内，以及与背景音之间是否存在足够的音量差，另外不能受到回音的影响。本书前面已经说过这些，详细内容请参照第3章。

2. 音量适中

适当的音量是基本的原则。

正因为自媒体和电视要求适当的音量，所以音质听上去才会好。也就是说，如果你想尝试使用扬声器之类的设备，就会出现小音量听不清内容，大音量又会损害音质的情况。要想扬声器输出优质的声音，需要将音量控制在一定的范围。而音量能否控制在这一范围之内，直接决定着声音品质的好坏。

在电视上看日本电影的话，你会经常发现有人声过小、爆破音等声音过大的问题，总而言之有些作品就是很难听清声音。这是因为这些声音最宜在电影院播放，并不适合通过电视的扬声器播放。日本电影界为什么对这样的声音问题置之不理，我对此也无法理解。

音乐的等级标准与电视的等级标准是不一样的，这一点也是个人创作者容易弄错的地方。

简单来说，音乐的最高声压是–0.3dB，而电视的声压是–12dB（真峰值是–3dB），非常低。如果将音量调到最大的作品投放到电视上，猛然之间调低声音的话，我们就会完全听不见小音量的声音。所以，在作品的收尾阶段要注意这一点。

3. 符合响度规定

响度是指能够在人耳听到声音时保证音量适中的技术，实际上只是借助剪辑软件给声音加入滤波器。但是，创造作品时如果不知道加入响度后声音会变成什么样，之后也就无法得知原本的声音是什么样子的。

到这里为止，我们介绍的都是创作自媒体作品、制作电视节目时的基本原则，后面会讲述具体的操作方法。请牢牢记住这些规定的存在，不遵循这些规定是行不通的。接下来我们说一下必备的器材。

必备器材及其设定

参与电视节目制作的时候，从音响设备上来说，使用SENNHEISER MKH416是合格的。虽说电视台的工作人员可能并不了解录音设备，但如果这些设备是常见的，那他们也许就会“姑且接受”。想用价格便宜的麦克风录下音质相同的声音，从节省费用的角度来看，拥有SENNHEISER MKH416就够了。

录音师的经典设备

在电视节目的录制当中，经常用到的录音设备有SENNHEISER MKH416、防风罩、减震架及麦克风吊架（3.6m）。自行准备设备的话，两支无线麦克风足够了，没有的话可以去租赁，一天几千日元。另外，音频线的长度在3m左右就可以了。

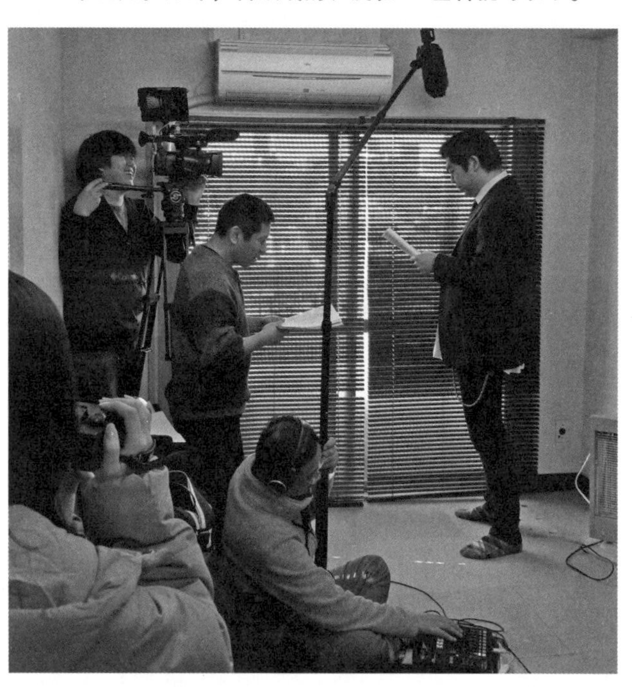

混音器要求必须能够输出1kHz的基准信号。另外，需要有XLR接线柱，保证麦克风接口可以接入幻象电源。从目前的录音机来看，我推荐ZOOM公司的F6。SONY摄像机的电池可以保证一天的工作电量。

独自进行拍摄的设备

如果是地方电视台，在电视节目录制过程中很多时候需要独自进行拍摄，这种时候不少人会选择将麦克风直接连上摄像机。虽然想在其中接入混音器，但是鉴于设备的数量及重量，从音质上来看，直接插入麦克风是较为稳妥的录音方式。

如果想要将声音完美地记录下来，缩短被摄体与麦克风之间的距离是很重要的。为了缩短这两者之间的距离，给摄像机安装增倍镜，或者给台式麦克风增加麦克风支架（单脚站立式）等，这些措施是十分必要的。

将数码单反当作主要摄像机的时候，由于很多情况下摄像机端没有XLR接线柱，如果麦克风选用SENNHEISER MKE600的话，就需要用音频转换线将XLR接线柱转换成3.5mm接线柱。XLR接线柱和3.5mm接线柱的音频转换线有两种，需要进行平衡型到非平衡型（TS）的转换。

【左】SENNHEISER MKE600
【右】单独售卖的 XLR-3.5mm 转换线、KA600

独自进行拍摄的设定工作

如果独自一人拍摄，由于无法进行音量调整等操作，为了避免出现破音或音量过小等录音失败的情况，麦克风的设定工作变得尤为重要。绝对不能打开自动增益控制功能，一定要使其处于关闭状态。

开启限幅器。保证限幅器处于开启的状态，且在录音过程中不能中断。

如果不想录音失败（安全录音）也很简单，就是需要提前排练。先让说话者真正地发出声音，再去调整麦克风的位置。如果想要得到最好的音质，请阅读第3章的相关内容。

如果没有时间排练，那么尽可能地就近设置麦克风，然后在这种状态下调高麦克风的音量，确认声音在加入限幅器后的状态。摄像机上的音量电平表应该会变成红色，如果没有变成红色的话，那么音量电平表也是处于大幅上升即将到达峰值的状态。

当声音经过限幅器后，将麦克风的音量下调2个刻度，这时的音量是较为合适的。也就是将音量下调到限幅器不会产生反应的程度。这时对声音进行测试，一边重新播放一边确认音质。

加工成好听的声音吧

接下来讲解剪辑时的处理。由于播放的环境不一样，有的是电视节目，有的是自媒体作品；有的人通过录音室的扬声器去听，有的人通过耳机的扬声器去听。不管你是在何种情况下听到的声音，都必须将声音加工成清晰悦耳的状态。

声音的“动态范围”是重要的。小声不会变得太小，大声也不会变得太大，对声音进行这样的加工是十分有必要的。

加工成什么样的声音才是好的呢？其实看看剪辑软件中的声波图就会一目了然。

对比这两种声波图，你会发现声波幅度之间的差异。优质声音的声波幅度基本是稳定的；而劣质声音的声波幅度则无法维持在稳定的状态。

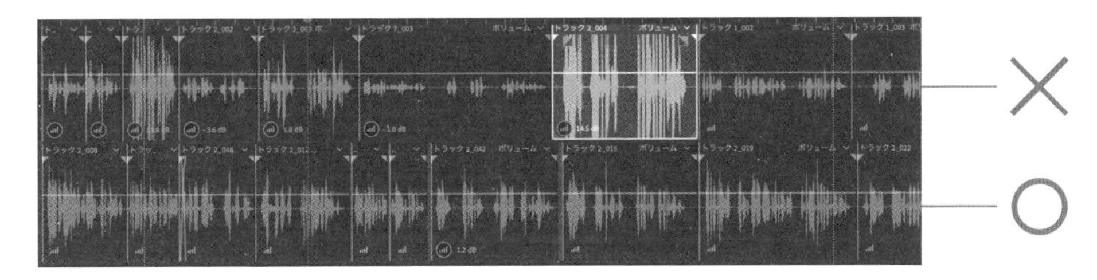

声波幅度表示了声音的大小。声波幅度起伏不定，代表了声音时而变大时而变小。如果是安静的场合，声波幅度就会变窄；而在喧闹的场合，声波幅度就会变宽。不过，重要的是说话者在说话时的声波要维持在稳定的状态。但小声说话时声音刻意放小，大声说话时音量又突然提高，这样是不可以的。即便是低声细语，也要让音量保持在能够听清的程度。无论是大声还是小声，音量都应该保持在-12dB左右。

那么，该如何表现大声或小声呢？

实际上，无论是大声还是小声，由于声音的质感不同，即便音量相同，耳语声听起来也还是耳语声，音量变小的大声听起来依旧是大声。也就是说，在电视节目中，我们需要保证所有的声音都维持在大致相同的音量。

想要让声压恒定，请使用压缩器吧

实际中如何才能让声压保持恒定呢？

删掉不必要的声音，使声压保持在恒定的状态，我们将这种行为称为“修音”。过去，我们一边用耳朵听声音一边调整音量，再重新录音。自从有了剪辑软件以后，我们就可以通过移动鼠标光标来调整波形了。但是，目前利用滤波器来稳定音量的方式逐渐成为主流。

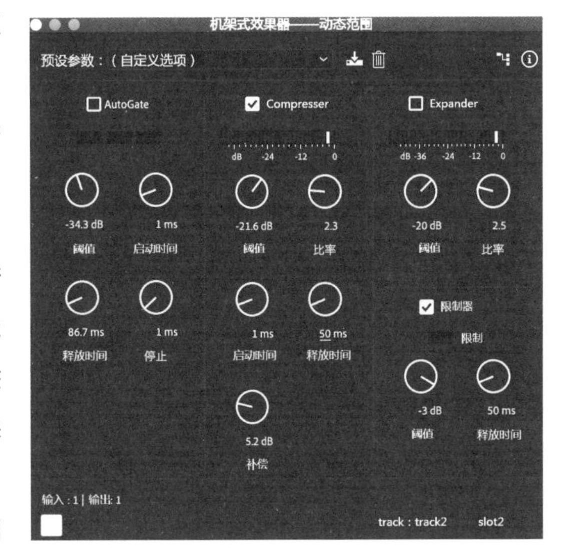

稳定声压有多种方法，其中利

用一种叫作“压缩器”的滤波器是较为轻松的方式。不过，不同软件的设定值可能有所不同，我来说一下基本的方法。

压缩器可以将小音量的声音调大，将大音量的声音调小。这样一来，声压的幅度就会变窄。那么背景音会变得怎么样呢？实际上，一旦设定出现错误，可能连背景音也会一起变大。但是，目前的压缩器逐渐能避免出现这样的失误了。

1.threshold（阈值）

我们将压缩器开始工作时的声压叫作“阈值”。关于麦克风，大家还记得我们曾经说过将背景音设置在-36dB左右吧？如果背景音最大为-36dB，而我们提前将阈值设定在-30dB的话，压缩器就无法对背景音发挥作用。不过，别想得那么复杂，只要记住提前将阈值设定得比录下来的背景音稍大一些就可以了。

如果能够好好进行录音，那么将阈值设定在-30dB也没有关系。如果遇到背景音过大的情况，到时可以再进行其他的处理。

2.gain（增益量）

增益是决定将小音量的声音调高到多大程度的数值。这个数值在录音过程中会发生变化，通常在3~8dB。

3.比率

比率是决定将大音量的声音降低到多大程度的数值。如果设定的数值过大，那么声音就会变得不自然，通常设定在2~4dB，具体效果还需要大家在实际操作中了解。

4.启动时间

启动时间是当声音进入压缩器后开始运作的时间。如果是人声的话，我认为1ms即可。

如果这4个数值都能设定为最佳数值，那么小音量的声音也容易听清，大音量的声音也不会让人感到嘈杂。

Premiere Pro的设定

Audition和Premiere是同一类应用程序，所以拥有完全相同的内置压缩器。但是，Audition在声音剪辑方面更好一些。若是给台词修音的话，Premiere就足够了。

Final Cut Pro X的设定

Final Cut Pro X具有“响度”功能，可以为我们自动调整音量。但是，如果背景音太大就行不通了。另外，这款软件在消除噪声等方面也十分方便。

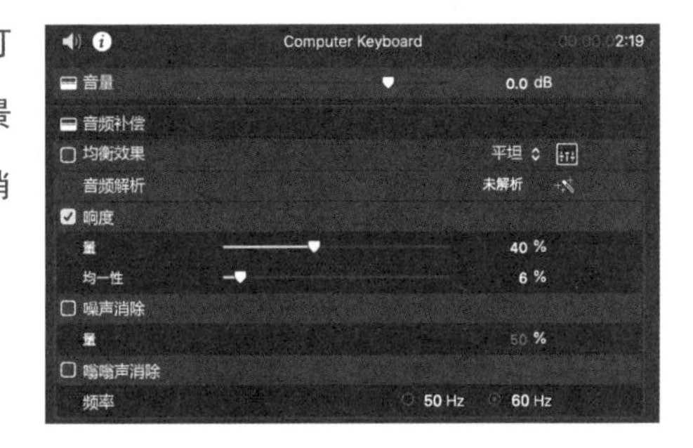

消除背景噪声的方法

如果你介意背景音，就可以考虑将其消除。虽说做不到完全消除，但几乎所有的背景音都是可以借助数字滤波器进行删除或削弱的。

使用Adobe中的“消除齿音”吧

Adobe旗下的Audition和Premiere中一般都带有“消除齿音”功能，这个功能可以帮助我们轻松消除背景噪声。除非是极其嘈杂的噪声，否则不必改变设定值。

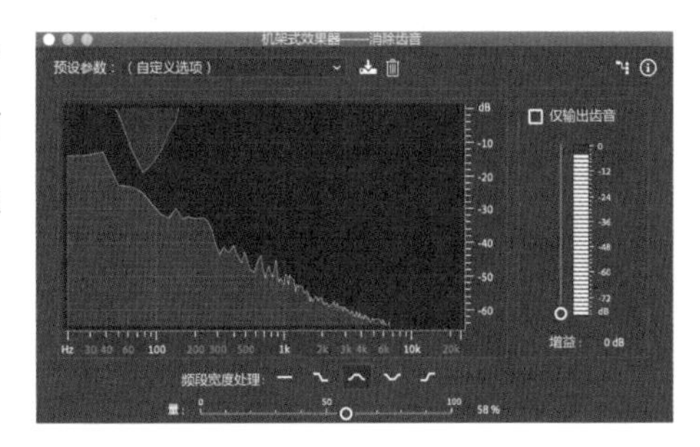

电视·CM中的声音要怎么办（响度是什么）

电视节目往往要求将音量调整到符合业界规定的响度标准，如果没有达到这一标准，就有可能被电视台拒绝接收。不过，如果是中央广播电视台的话，一般会由后期制作人员（完成最后加工的专业人员）进行最后的剪辑处理，这种情况下创作者不非得了解响度。

如果是地方电视台，大多数情况下需要由创作者单独完成最后的收尾工作，因此创作者需要知道具体的做法。另外，响度处理也是在视频网站上发布作品时需要用到的关键技术，所以我们一定要掌握与响度相关的知识。

响度处理只需使用专门的滤波器

Audition的响度滤波器，既可以从列表中选择参考值，也可以选择目标值。

响度是指从整体上调整作品的声音。本书第3章已经说过，即便在音量电平表上的摆动方式相同，由于音质上的差异，声音听起来也会或大或小。换句话说，无论是声波图，还是音量电平表，利用这些来调整音量的话，实际听到的声音会感到不自然。因此，我们不能用普通的音量电平表进行检测，借助用于响度处理的滤波器，可以将人耳听到的声音调整为悦耳动听的声音。

利用平均声压与最大声压来调整声音

事实上，不同行业对作品整体的平均声压和最大声压都有规定。尤其在电视广播中，这一规定变得越发严格起来。电影上虽然没有统一的标准，但Netflix（网飞公司）与电视广播一样，也制定了严格的标准，电影界也开始越来越频繁地使用响度来制作作品了。我们将在后面介绍响度的基准值。

在网络上，很多平台都会推荐投稿作品进行响度处理，对于不符合响度标准的作品还会进行自动修正。

简单来说，电视广播需要调整到–24.0+1（LUFS/LKFS）这样相对较小的声音，LUFS/LKFS是响度的单位。作为背景音乐使用的音乐CD调整到–10（LUFS/LKFS），从这里也能看出音乐CD的音量确实很大。顺便说一下，dB表示的是瞬间的声音大小，而LUFS/LKFS表示的是长时间的平均声压。

实际上，我们可以使用剪辑软件中的响度滤波器。响度的基准值不止一种，日本电视广播以ARIB TR–B32为基准值。也就是说，在剪辑软件的响度滤波器设定中选择“ARIB TR–B32”就可以了。在每个公开的作品中，都需要对响度进行调整。

不同作品的响度基准值

日本电视广播基准（ARIB TR–B32）	–24.0+1（LUFS/LKFS）
WEB用	–16～–12（LUFS/LKFS）
电影（没有明确的基准）	–31～–20（LUFS/LKFS）
视频网站（超过基准就会下调）	–13（LUFS/LKFS）
日本的音乐CD	–10+2（LUFS/LKFS）

7

实践 Practice

第7章·实践

广播、播客、线上会议等场合的声音

在此我想总结一下关于影像作品以外的声音。与影像作品相比，只有声音出现的作品对于其声音质量的要求会更加严格，因为在录音中我们往往会注意到影像作品中所忽视的事情。

广播节目的录音

广播节目大致可以分为以单声道广播为主的AM广播和由高品质音乐播放而发展起来的FM广播。近年来，网络电台及播客（Podcast）也变得愈发流行起来。

过去，AM广播与FM广播在音质上有着显著的差异，但如今AM广播也变成了同步广播（同时进行FM广播），可以说两者之间的音质差异逐渐消失了。这里所说的音质是指在无线电波上的频率宽度（称为“带宽”）和声压的宽度（动态范围），过去AM广播在这两方面都较窄，而FM广播则较宽。

广播节目录制的基础

首先，我们从广播节目录音（收录）的基础开始讲解。正如前面所述，与影像节目相比，广播节目非常在意背景噪声和音质的好坏，回音问题是致命的。广播节目通常会在录音演播室，但有时因为预算不足，也会在普通的房间内进行录音活动。如果是在普通的房间里，我们有必要设法抑制回音。例如，给墙壁贴上吸音材料，或者临时将毯子等物品贴在墙上。但如果房间的墙壁是混凝土材质的话，回音现象就会十分严重，所以最好避免在这种地方进行录音工作。

广播节目用的麦克风最好选择声乐麦克风

在录音演播室中，我们通常选择旁白用的电容麦克风。这种麦克风可以拾取细微的呼吸声，传递出说话者的感情。如果是在吸音、隔音不好的地方录音，我推荐使用低灵敏度的声乐麦克风。

广播节目与歌声不同，声音的带宽（频率范围）窄一些也没关系，用廉价的麦克风也是可以的。如果参与录制的人数较少，我一般使用SHURE BETA58A。FM广播如果是在录音演播室之外的地方录制，大多数情况下也会使用这款麦克风。

SHURE BETA58A

SHURE BETA58A是一款超心形麦克风（窄角单一指向性），可以减弱周围环境音的影响。不过，与其他的声乐麦克风相比，SHURE BETA58A的灵敏度高，往往很容易拾取回音。另外，SHURE BETA58A的背面（音频线端）灵敏度也高，当两个人面对面说话的时候，能够拾取对方的声音。如果混入了对方的声音，就会产生回音。关于这一点，我会在后面进行解说。

另外，使用SHURE BETA58A时，一旦将其从嘴边移开，音质就会突然改变。在很多人说话的场合，如果说话者边摇头边说话，音质就很难保持稳定。也就是说，多数人说话的场合最好不要使用SHURE BETA58A。

在多数人参与录音的场合，我推荐使用BEHRINGER公司的Ultravoice XM8500。这款麦克风的售价在3000日元左右，从价格和音质上来看都没有问题。即便没有将麦克风对准说话者的嘴巴，也不会像使用SHURE BETA58A时发生音质变化。

BEHRINGER
Ultravoice XM8500

基本不使用领夹式麦克风

在广播节目中，我们基本不使用领夹式麦克风。由于领夹式麦克风没有指向性，容易产生使用多支麦克风所带来的回音问题。使用多支麦克风时，远处的麦克风拾取到的声音会加强回音。如果是电视节目，由于“构图”的关系，说话者的距离相对较近，因而不会出现回音现象，即使出现了回音现象，很多观众本着“影像节目不就是会这样吗”的想法，也不会感到违和。不过，如果是在看不见录制现场的广播节目中，大家就会非常在意回音问题。因此，使用领夹式麦克风可能出现回音问题，所以我不太建议大家在广播节目中使用这一类麦克风。

需要注意多人说话时的回音效果

在多人说话的节目中，我们一般会用到多支麦克风。如果麦克风灵敏度太高的话，这个人的声音就会进入他本人麦克风及其他人的麦克风中。这样一来，由于这个人与每支麦克风的距离都不同，所以会产生声音上的延迟，从而出现回音问题。如果是在电视节目中，我们不会注意到这一点，但是在广播节目中，这些问题会让人非常反感。尤其在有回音的房间里使用多支麦克风时，声音的回响会变得更加强烈。

为了避免使用多支麦克风时出现回音问题，我们需要设法布置麦克风，以及降低不说话者的麦克风音量等。

在专业的演播室，每支麦克风都设有一个被称为“静音开关”的音量键。说话者在自己不说话时可以按下静音开关，这样一来，就可以清清嗓子或者吃点东西了。

使用多支麦克风时的布置方法

使用多支麦克风时，为了避免出现上述的回音问题，我们必须考虑如何布置麦克风。使用超心形等后面也能感应声音的麦克风时，为了使拾音方向上没有别的说话者，需要调整说话者的座位或者麦克风的朝向。像电影中那样，我们可以将麦克风稍稍倾斜向上设置，或者将说话者安排在与麦克风垂直90° 的位置。也就是说，无论如何都要设法将麦克风放到不会拾取别人声音的位置。

依赖机器的方法

如果是没有台本的节目，通过人为操作调高或调低说话者的麦克风音量是比较困难的。ZOOM公司的F8、F8n、F6等录音机具有抑制回音的功能——自动混音。自动混音是指自动降低除说话者以外的麦克风的音量。如果使用这种功能，我们就无须过分在意回音问题了。不过，远距离的麦克风能够在多大程度上拾取声音，自动混音功能有时也无法发挥作用，这种情况下麦克风的设置方式就变成了最佳选择。

ZOOM F6

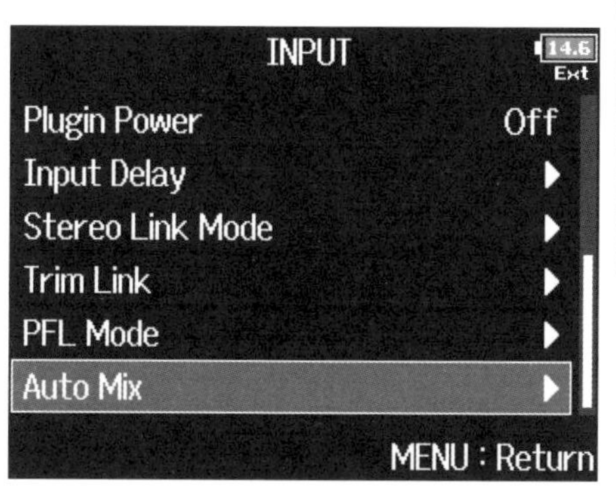

F6的自动混音 ON/OFF 键

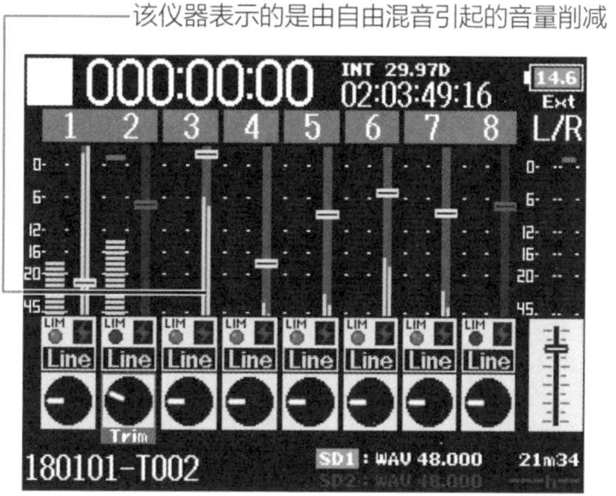

该仪器表示的是由自由混音引起的音量削减

Track Knob Option: Fader

音量电平表上显示装有 Auto Mix 后声音的衰减量

剪辑时也有消除回音的方法。但是，如果混合了多支麦克风的声音，基本上就无法处理了。因此，我们需要用MTR（多重录音）来对不同的音轨单独录音。

如果存在不同的音轨，那就给每条音轨加入压缩器，这样可以设法抑制回音。这种情况下回音要比说话的声音小得多。

我来介绍一下利用压缩器消除回音的方法。不过，根据使用的应用程序不同，压缩器所带来的数值变化也会不同。下面记载的是Premiere和Audition的设定值。这个设定值是参考值，在录音现场或录制声音时的音量会上下浮动，需要一边听录音一边调整。

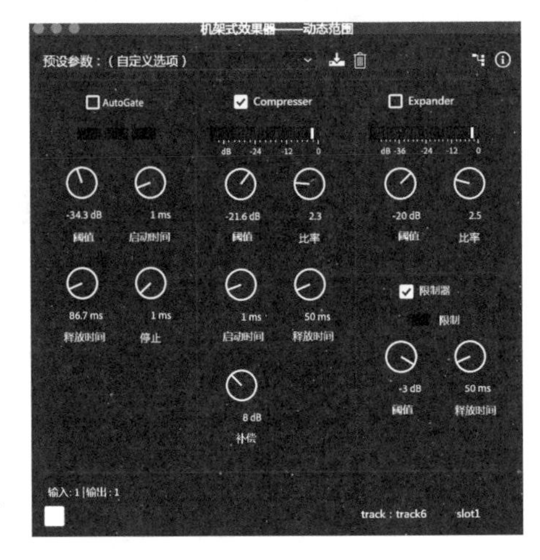

例如，音轨增益量调低8dB，压缩器的增益量调高8dB。这样一来，两者的增益量就相互抵消了。由于将音轨增益量调低了8dB，所以回音也会降低8dB。借助阈值可以将回音和想要的声音分开。换句话说，因为原音降低了8dB，如果阈值是-30dB的话，压缩器就会将原音调整到-22dB以上。反过来说，原音中不足-22dB的回音下降到-30dB后，几乎就听不见了。利用压缩器将声音调成与原音一样大小，过大的声音按照比率下降。虽然利用噪声门也可以达到这种效果，但噪声门是通过阈值来开启或关闭声音的，不说话时就会变成完全无声的状态，有时会不太自然。如果利用噪声门不自然的话，那么使用这种方法会更简单一些。

虽说上述方法适用于剪辑，但如果电脑上有通过不同音轨输入多支麦克风的声音的系统，那么即便是直播现场，也可以实时采取上述的处理方式，可以使用Audition等的DAW（数字音频工作站）应用程序。

实际上，对于只用过视频剪辑软件的人来说，可能很难理解上面提到的给音轨加滤波器的概念。DAW应用程序是剪辑的滤波器，也是整个音轨的滤波器，还是输出的滤波器。

具体来说，就像1号麦克风加了强劲的压缩器，2号麦克风没有加压缩器，3号麦克风加了稍弱的压缩器一样，由于可以根据不同的麦克风进行不一样的操作，所以最终的混音仅使用限幅器就可以了。

无论是在直播现场，还是在剪辑的时候，都可以加入滤波器。

视频剪辑应用程序分上下音轨，是分层结构。也就是说，上面的音轨显示了，下面的音轨就会隐藏起来。声音没有上下的分层，我们能够听到所有并列在一起的音轨，只不过是被混合在一起了。

如果十分在意回音问题的话，可以使用背景音乐

若利用上述的办法还是无法消除回音，我们就只能手动消除没有说话的部分。这样还行不通的话，就插入轻柔的背景音乐，回音就不会那么明显了。

背景音乐在音轨增益上约为-24dB

背景音乐的导入方式，正如前面所讲到的那样，由于音乐CD的响度很大，所以使用时需要大幅降低增益。人声在-12dB左右，因此我们需要将背景音乐的数值设置得远远低于这一水平。通常降低到-24dB左右的话，就会变成非常安静的背景音乐。当然，使用的背景音乐不同，多少存在着某种差别，因此可以以-24dB为参考值进行上下调整。

如果想要听到背景音乐，那么就将背景音乐的增益量调到-18dB左右。

广播节目剪辑的基本原则

2020年，地面电视广播还没有要求遵守响度标准。不过如果事先以响度标准为前提来制作的话，那么听众也能听得比较舒服了。即便做了某些适当的调整，对于极大或者极小的声音，广播电视台也会自动给声音加上压缩器或限幅器，所以一般不会发生广播事故。

以峰值-12dB制作就可以

在实际的剪辑过程中，将峰值设为-12dB就不会有问题了。如果是地方电视广播，一旦持续出现无声状态，就是广播事故（须向总务省报告）。关于无声的持续时间，各家电视台的要求并不相同，但大约为5~10秒。其实，没有实际内容的无声状态持续5秒，就会让人感到不正常。

广播节目的提交形式

目前，广播节目的成品能够以数字文件的形式进行交付。过去需要先输入10秒左右的基准信号，再输入节目名称等通讯社名（在人说话后输入），变成无声状态后正片开始。而现在只需将正片做成文件，用邮件传送即可。

这里介绍几个需要注意的地方。例如，60分的节目实际上只有54分，剩下的几分钟叫作播音间歇（SB），一般适用于电台插入电视广告等。还有在广播节目中，报时会占用3秒的时间，所以54分的节目必须在53分57秒内完成。

实际上，还有必要预留出结尾的6秒。预留就是指广播人员不说话，让音乐一直处于播放状态。因此，最终的台词需要控制在53分50秒左右结束。

另外，在商业广播中，电视台会记录下播报赞助商名称的时间码，然后提交给赞助商。节目的开头说的是“前赞助”，最后说的是“后赞助”，这一点非常重要。

CUE SHEET的写法

广播节目的提报作品中会附有写着放送内容的CUE SHEET。开场的广告歌、标题码、前赞助、专栏开始前的铃声（Sound Sticker，简称为SS），在播放音乐的情况下将歌曲名和曲尾等整理成时间码的表格。

广播电台有时会在SS前插入CM。

广播节目的提交形式

广播节目与视频作品最大的不同在于淡入、淡出的长度。在视频作品中，除非有特殊情况，否则淡出的时间大约为0.5秒，最长为1秒。另外，声音与视频作品的淡入、淡出时长相同。

在广播节目中，淡入、淡出的时间最少在5秒左右，与视频作品相比非常缓慢。

第 7 章 · 实践

广播、播客、线上会议等场合的声音

8

实践 Practice

第8章·实践

电影录音

电影录音与电视录音的不同

本书第1章中已经说过，声音在电视与电影中的重点完全不一样。在电视上，声音重要的是要清晰且保持稳定的音量。远的声音与近的声音，这样的用法是不存在的。

电影中的声音需要让人身临其境。不管在什么样的场所（空间），有着什么样的距离，主角与非主角的声音都要区分开来。要从摄像机录制声音的角度来看什么样的声音才算好声音，考虑好这一点后再去录音。

电影的声音也有主观与客观之分

电影的声音也有主观与客观之分，这和视频作品的声音有主观与客观之分是相同的。我们在第3章已经学习过，通过区分枪式麦克风的角度和拾音范围，可以创造出主观的声音（听起来像是从画面里传来的声音）和客观的声音（听起来像是从画面外传来的远处的声音）。

在电影中，需要将主观与客观的声音区分开来，用声音创造影像空间。与摄影相比，电影还有一个很大的不同点就在于声音不是局限在画面之内的，在画面之外也能听到声音。这种声音在空间上的扩展正是电影的特点。

导演不负责声音的演出

摄像机里显示的画面或动作是在导演的指导下完成的，但几乎在所有的电影拍摄现场，声音都是由录音部门录制的。很多导演在拍摄现场甚至听不到录下来的声音。也就是说，刚才提到的声音的主观、客观等表现方式，都需要录音部门去考虑。

因此，在电影中，摄像师必须全面掌握拍摄方式、构图、距离，以及演员的动作等，来制造出主观与客观的声音。当然，不仅在现场，在剪辑时也要构筑起声音的世界。对于影片的声音，要么当场制造出主观与客观的声音，要么将其变成之后易于加工的声音，如何权衡并选择用哪种方式也是非常重要的。

电影录音的基础（具有临场感的声音）

电影中的录音，从台词到表现空间现场感的环境音都是使用麦克风录制的，仅记录台词是不够的。

具体来说，有五种因素需要考虑：①清晰的台词；②从小声到大声，以适当的音量进行录音；③台词给人的距离感；④现场的“空气感”（适当的环境音）；⑤演员的动作声。在忙碌的拍摄现场，我们必须瞬间判断出上述的这些因素，然后推进从音响设备的设置到录音的一系列操作。

独自拍摄的能力范围

独自拍摄的话，能够做到的只有①和②，这两步也是录音的基础。不过，难点在于②，也就是从小声到大声，以适当的音量进行录音。优秀的演员会用足够大的音量说话，即便是小声说话声音也十分清晰。但大部分演员，小声说话的时候声音会变得极小，大声说话时甚至让人觉得麦克风会因此坏掉。

为了应对这样的情况，录音部门有必要实时调整音量。一个摄影师往往很难应对这些情况，所以需要和演员仔细商量，确保麦克风的位置合适。

“给空间录音”需要“声音的演出”

如果只是台词的话，可以通过适当地调整麦克风的位置和安全的录音（在不破坏声音的情况下，可以在之后的剪辑中进行修音）来应对。但是，想要在录音中让人感受演员之间的距离感和拍摄场地的空旷感，作为创造这个声音世界的导演的感受就变得尤为重要了。

具体来说，使用领夹式麦克风的话，所有的台词都会具有相同的距离感，声音也会变成电视中的那种状态。而对于电影，对白声音的距离感应该与演员和摄像机之间的距离相匹配。例如，将麦克风对准主角，对手演员就处在麦克风背后的模糊位置，如果处于模糊位置的演员的台词完全没有模糊，与主角的音质是一样的话，我们该怎么办呢？明明是从远处传来的声音，但是听起来像在耳边，这时又该怎么办呢？

明明是洞窟里的场景，但是声音听起来异常清晰，这时又该怎么办呢？当然，你也可以利用领夹式麦克风先将声音录下来，然后利用剪辑给声音加入回音，这样也是可以的。不过，在多大程度上加入回音，实际操作起来是相当困难的。因此，想要表现出现场的感觉，最好的选择就是现场录音。

但是，也有这样的情况。例如，在学校的走廊，没有人的时候回音很大，人一多回音就变小了，这时人体起到了吸音的作用。因此，如果是课间休息时间的场景，回音太多就会显得不自然。如果是放学后的学校，稍微有点回音则会显得更加自然。不过在拍摄中，现场的人数是一样的，所以回音的程度也是相同的。要想控制回音的大小，你知道要怎样做才好吗?

“麦克风靠近嘴边环境音（回音）会减少，离远则会增加”是录音的基础。掌握这一点，我们就可以在拍摄现场更好地进行录音。

实际上困难却重要的“动作音”

电影中演员的动作音十分重要。脚步声是理所应当要有的，回头时衣服和随身物品发出来的声音与台词同样重要。是选择与台词同时录制，还是选择在后期剪辑时加进去，这些都要事先考虑好。不过，即便是后期作为效果音添加进去，如果没有来自现场的真实声音，我们也无法得知添加的时机及声音的质感会变得如何。因此，我们需要将动作音提前记录下来。

不过，这样的动作音有时会覆盖重要的台词，台词听不清也是不行的，所以在拍摄时需要判断动作音与台词之间有多大程度上的差异。

如果是独自拍摄的摄像师，则需要在拍摄后的预览中充分确认声音后再去推进拍摄。

不同级别的录音环境

至此，本章已经解说了电影录音的大致内容。

实际上，录音设备的选择也很重要。很多摄像师正在使用的握把枪式麦克风在电影录音中几乎是不可能使用的，因此我想根据不同级别的录音环境提出几点建议。

没有录音机、直接连接麦克风的套装

先试着考虑可以实现专业音质的最小系统。

不用录音机，直接连接摄像机，首先我们需要的就是麦克风。

麦克风：SENNHEISER MKE600（不到4万日元）

SENNHEISER MKE600是被Vlogger称为“神级”的优质麦克风。这款麦克风继承了在电影中常用的SENNHEISER MKH416的音质和特性，是一款用5号电池就能驱动的电容式麦克风。只要有了这款麦克风，从自媒体到电视节目、采访、电影等都能应对。SENNHEISER MKE600与SENNHEISER MKH416混在一起使用，从音质上能轻松区分这两者。SENNHEISER MKE600的角度与焦点几乎一样，与SENNHEISER MKH416相比，虽然失焦时的音质变化较大，但确实是一款优质的麦克风。

SENNHEISER MKE600
是用干电池就可以驱动的麦克风，
性能优良

这款麦克风由于是电池驱动型的，因此不通过混音器就可以直接连接摄像机。不仅摄像机，还能与IC录音机相连接，即便是便宜的录音机，也能实现24bit的高品质录音。

SENNHEISER MKE600的标准款附有海绵防风罩和麦克风适配器。麦克风适配器的功能也十分强大，减震式构造，且能够快速连接摄像机的激光控制软件（QuickShow），另外还设有三脚架安装孔。

总而言之，只要拥有这款麦克风，我们就可以应对几乎所有的拍摄场景。专门用来应对强风时的毛皮防风罩和SENNHEISER MZH600是分开售卖的，最好一齐购入。此外，用于连接摄像机的转换器KA600也是必备品之一，售价在2000日元左右。

麦克风吊架的选择

麦克风吊架从便宜的到昂贵的，种类多种多样，只要质量小且不会弯曲，长度够长就可以了。不过，实际挑选起来，如果有帮忙携带麦克风吊架的助手，那么我认为2.7m的三段式麦克风吊架是最佳选择。如果麦克风吊架长度有2.7m，基本上可以应对所有的现场拍摄活动。最长的麦克风吊架有4.5m，但通常用于电影与电视剧中的特殊场景，质量大，使用起来很不方便。

我经常使用的是摄影用的碳纤维自立式独脚架。很多摄影用的独脚架接触地面的一端都很细，如果想作为麦克风吊架使用，就要求像钓鱼竿一样头部细，长度在1.8m左右。

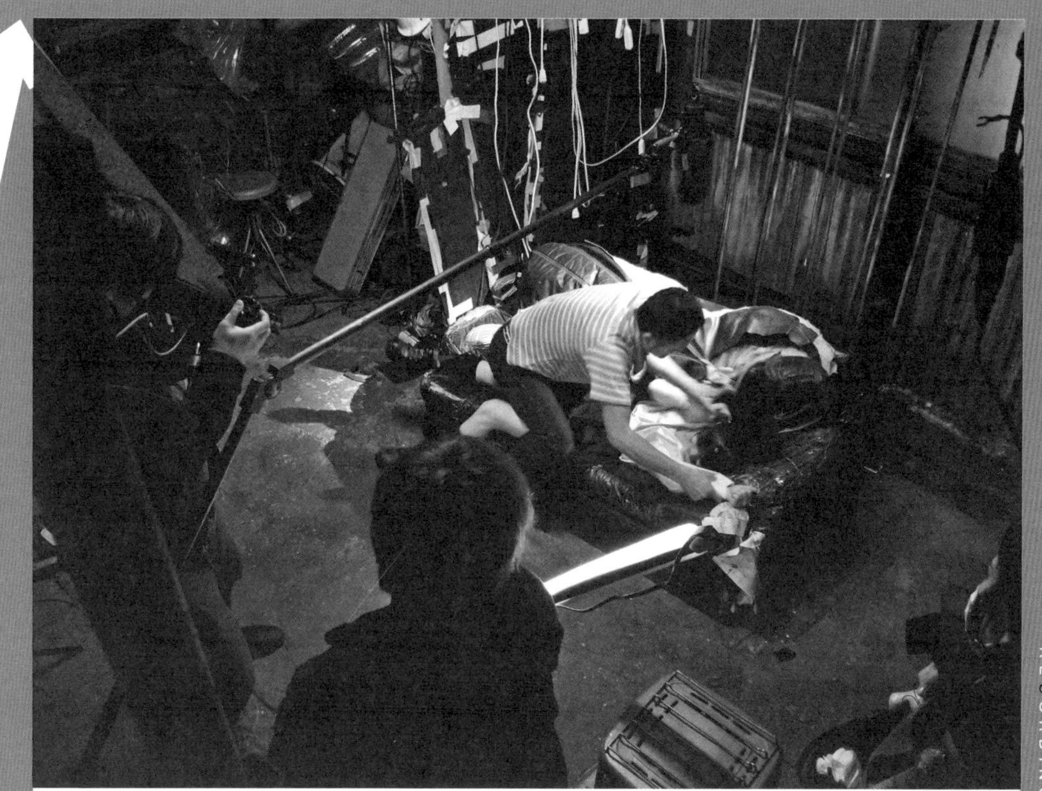

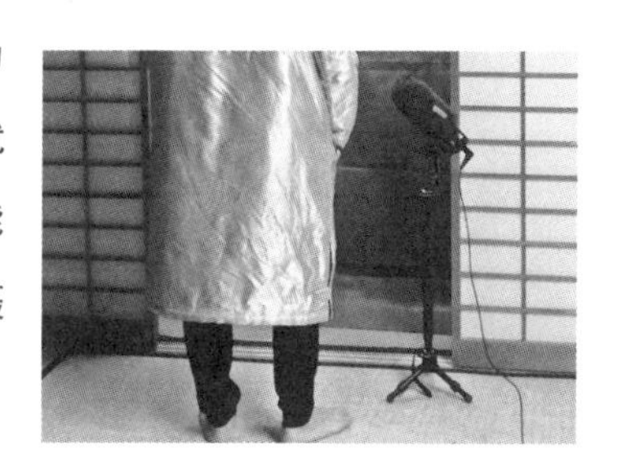

独脚架不仅可以作为麦克风吊架使用，还能作为麦克风支架使用。只要装上简易的三脚架，麦克风就可以实现自立。由于麦克风质量小，所以倾倒的可能性很小。在采访中，将这个作为麦克风支架立在被摄对象的前面即可。

RODE的廉价枪式麦克风怎么样呢

我之前强调过，大家一定要购入SENNHEISER MKE600。目前风头正盛的RODE公司的麦克风不仅售价实惠，音质还非常出色，大家肯定注意到了吧。关于这一点，我已经做了总结测评，在第10章中会进行说明。

有一点可以肯定的是，如果将不同厂家的麦克风混在一起使用，音质就会变得很难统一。用镜头来理解的话，就像佳能与尼康的区别一样。因此，考虑到今后的系统发展，麦克风设备最好选择同一家生产商的。也就是说，如果先选择了RODE品牌的麦克风，那么之后购入的麦克风最好也选择RODE的。

使用现场录音机

如果使用现场录音机的话，我们就有可能获取24bit的录音品质，可供选择的麦克风也会增多，这是因为可以使用专业的幻象电源。下面我推荐几款录音机。

ZOOM H6（4万日元左右）、ZOOM H5（3万日元左右）

在低噪的环境下，数码录音机ZOOM H6（4万日元左右）可以实现最多6ch同时录制，所以这是一款可以由录音机进行录制的设备。ZOOM H5（3万日元左右）最多可实现4ch同时录制（作为备选）

ZOOM H6的扩展性与操作性都绝佳，外部输入4ch（可用幻象电源）+多目的专用连接器，最多能达到6ch同时录制（需要使用其他配件）。ZOOM原本是生产音乐设备的厂商，所以ZOOM旗下的产品也具备影像录制非必要的功能。另外，由于没有标准信号，所以在摄像机与音频线连接上存在一些困难。因此，这款录音机基本上变成了“以分离式使用为前提的设备”。

这款录音机的特性在于，标准款附有立体声麦克风（MS麦克风，剪辑时可以改变拾音范围）和从物理上改变拾音范围的XY立体声麦克风。由于是音乐方面使用的麦克风，所以灵敏度较低，但在环境音上可以使用具备临场感的立体声也是魅力之一。另外，这款录音机也可以控制立体声的感觉（纵深感及声音的焦点）。

此外，可以选择增设2ch的外部输入接线柱（XLR、无幻象电源），最多可实现6ch的录音。这款麦克风还有一个特征是质量小且音量按钮大，在现场使用起来十分方便。在电影的录制现场，ZOOM H6作为能够发挥主要作用的辅助设备也极受欢迎。

如果预算有限，我认为低一级的ZOOM H5（3万日元左右）也不错。这款录音机配有外部2ch+内置减震架的XY立体声麦克风适配器。如果使用外部适配器的话，最多可实现4ch同时录制。

TASCAM DR-701D（5万日元左右）

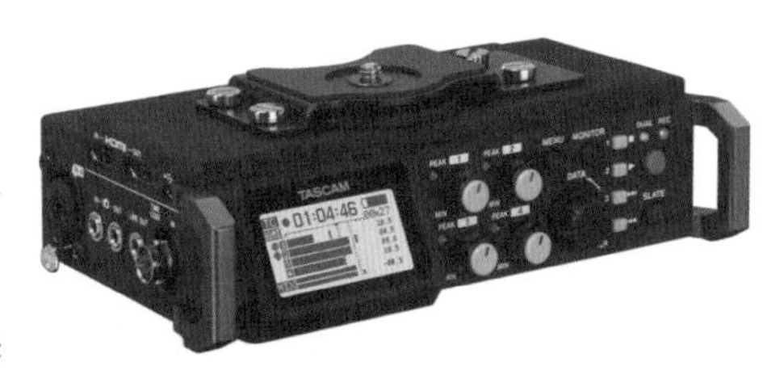

上述的ZOOM H系列自2005年发售以来，在录音部门一直都是“人气产品”，很多录制现场都能看到它们的身影。近来

单反摄像机真正实现了电影拍摄能力，各家公司都推出了多种相应的产品。

其中，引人注目的是DR-701D。前面已经提到过，借助于HDMI连接，DR-701D可以实现与单反摄像机的数字同步，同样也可以通过连接数条HDMI音频线来增加声道数量。另外，只要按下摄像机上开始录制的按钮，就可以在DR-701D上同步录制音频，防止遗忘录音，这一点是非常重要的。

虽然外部影像录音机是必备的，但DR-701D可以在HDMI影像中合成多条声道的声音，形成影像文件。也就是说，单个文件可以同时导入影像与最多8ch的声音。

今后想要通过独自拍摄成为影像专业人士的话，我认为这款录音机会成为你的得力助手。

这款录音机还有一个优点，就是可以通过级联操作（连接多部设备）来增加录音声道的数量。在对谈等演出人数多的情况下，只要增加录音机的数量就可以轻松应对。

创造电影级别的录音环境

如果想要进一步充实系统的话，就需要用到8ch的现场混音器。不过，如果是独自拍摄的话，可能无法操作这些设备，这时人员配置就变得尤为重要了。

ZOOM F8n（14万日元左右）

对于现场混音器，我推荐ZOOM F8n。我想阅读到这里的摄影师中肯定有人正在使用电影摄像机。如果是电影摄像机的话，由于ZOOM F8n具备数字同步功能，可以轻松实现同步。

ZOOM F6（7万日元左右）

低一个级别的ZOOM F6也是“人气产品”之一。不管怎么说，这款设备可以达到32bit的录音品质，同时也具有较高的信噪比。用摄影术语来比喻的话，就是“曝光宽容度高”。具体来说，通常是提前设

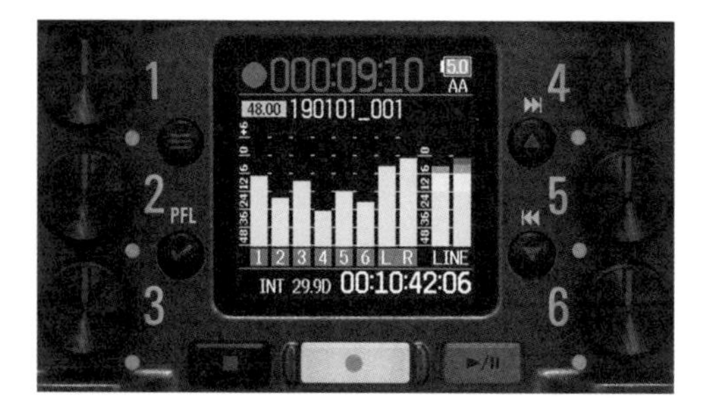

定好峰值（-12dB）后，不改变音量，保持在那个状态，也不会出现破音（只是为了在大的声音上能够提高“曝光宽容度”）。即便小声音放大了，噪声也不会劣化（信噪比好，采样精度高）。不过，在剪辑时会比较辛苦（需要通过剪辑来协调声音的大小），但这样的话在拍摄现场就无须担心声音了，还是非常有帮助的。ZOOM F6也可以实现数码同步。

不管怎么说，ZOOM F6的价格实惠，从性能上看除了声道数量，基本上与ZOOM F8n没有什么差别。

而且，ZOOM F6的音质更好。ZOOM F6可以安装三脚架，还配有固定在摄像机上的适配器，所以我认为这是一款最适合摄影师的录音机（ZOOM F8n也可以作为选项之一）。

如果关注ZOOM F6的仪表盘的话，会发现上面竟然有+6dB（一般是0）。也就是说，即便使用32bit超广的动态范围，这在其他的录音机上可能会出现破音问题，用ZOOM F6也能够进行录制。即使不那么频繁地调整音量，声音也不会有所损坏，对于独自拍摄的人来说，ZOOM F6应该是一款绝佳的设备。

想要拥有的ZOOM F8、ZOOM F6用的外部音量调整器FRC-8（3.5万日元左右）

上述的ZOOM F8n、ZOOM F6支持外部音量调整器。只要连接上音量调整器，就可以像录音室混音器那样去操作。实际上这款设备使用起来是非常方便的，不仅可以直接地调整音量，还能够快速进行其他各种设定。在拍摄过程中，我们往往会频繁地改变录音器材的设定，如开启低音滤波器、接入或切断幻象电源等。

在电影或电视的演播室录制现场，音量调整器是必备的。虽然可以利用USB进行连接，但录音机和调整器的连接器有时会凸起来，多次碰撞可能会导致连接器变松。因此，我使用了L型的USB转换适配器。

枪式麦克风的实践操作

我曾在第1章提到过枪式麦克风不应该安装在摄像机上使用。不过，在便携式录音机产品主页上的活用示例中，为什么会出现很多枪式麦克风安装在摄像机上，或者安装在摄像机托架（摄像机的金属架）上的照片呢？我们录音部门一次也没有使用过这种方法，基本上都是利用麦克风吊架将麦克风靠近被摄体。

如果不能使用麦克风吊架的话，我们可以“放置麦克风”。也就是说，使用麦克风支架将麦克风放在摄像机看不见的位置，这就是“放置麦克风”。

放置麦克风有两种方式

放置麦克风分为安装具有指向性的枪式麦克风，以及无指向性的麦克风两种。在拍摄现场，无指向性的麦克风的典型就是无线麦克风。

要是说起哪种麦克风使用较多，我认为还是枪式麦克风。使用无线麦克风仅限于麦克风数量不够的情况下，或者拍摄演员们大幅度移动的长镜头（全景镜头）时。此外，在动作片中也经常使用无线麦克风。

放置麦克风的位置与灯光、反光板相同

首先，我来解说一下放置枪式麦克风的场合。虽说是枪式麦克风，但如前所述，这类麦克风不具备望远镜头的特性，如果不是在隔音好、回音弱的摄影棚里使用的话，那么有效的拾音范围是“50～100cm”。

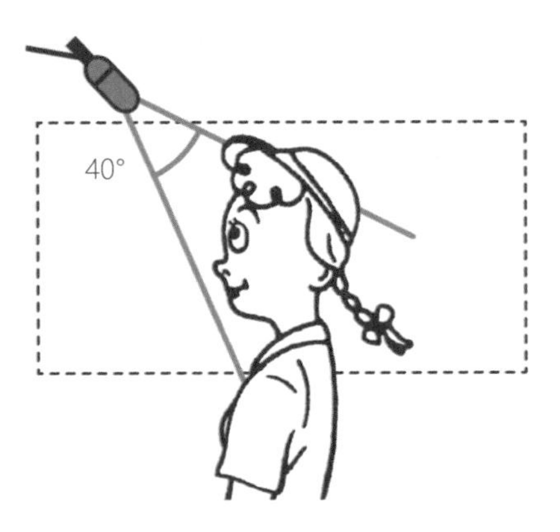

关于放置麦克风的位置，请想象一下拍摄商品时的灯光位置就可以了。理想位置是说话者头顶前方50cm高的地方，也就是顶灯所在的位置。说句题外话，我们录音部门和灯光部门经常为了占地而争论不休。麦克风要比灯光更靠前一些（在50cm左右），这样一来，麦克风的影子就会出现，这才引起了争论。

虽然头顶正上方的声音是清晰的，但后脑勺位置的声音就开始变得不清晰了。麦克风放在顺光与被摄体之间是最理想的状态。但是，如果将麦克风完全放进灯光中间的话，画面上就会出现阴影，向左右其中一个方向投射出去。

如果有助手，请助手拿着麦克风吊架将麦克风从合适的位置递过来；若没有助手，就借助灯架等工具安置一下麦克风。

如果头顶不行的话，就从反光板的位置进入

在无法将麦克风举到被摄体头顶的时候，可以将麦克风放在加强脸部光线的反光板的位置。虽然将麦克风放在头顶时受到的环境音影响最小，但是在仰视被摄体的位置放置麦克风也是一种有效的手段。在这种情况下，诀窍在于将麦克风尽量朝天花板的方向放置。

水平放置是最坏的选择

最糟糕的放置方式就是将麦克风与摄像机并列放置。水平方向上的麦克风受环境音的影响最大，而且会受到四周墙壁的回音的影响。如果水平放置的话，麦克风的拾音范围比将其放在被摄体头顶时更大（杂音、回音等导致声音模糊），因此必须将麦克风的位置安排在离被摄体50cm以内。但是，在水平放置的情况下，50cm实际上相当于摄像机就在被摄体的面前，这个时候即使是摄像机的麦克风也能录到同样的声音。

也就是说，水平放置麦克风是最后的方法。不过，与安装在摄像机上的麦克风相比，借助音频线将麦克风靠近被摄体，音质会相应得到飞跃性的提升。总而言之，提高音质的基础在于将麦克风与摄像机分离开来，然后将麦克风放置在理想的位置。

如何放置无线麦克风

使用无线麦克风一般是在麦克风的数量比演员人数少的场合。例如，演员有3个，麦克风却只有2支。

详细内容请阅读“无线麦克风的实践”。

领夹式麦克风的安全录音

领夹式麦克风在电影的外景拍摄中是十分重要的设备。

尤其在独自拍摄的情况下，利用领夹式麦克风录音不仅安全，而且录下来的台词非常清晰。

因此，我在这里总结一下领夹式麦克风录音的要点。

衣服摩擦声是致命的

在电影拍摄中，将麦克风隐藏起来的准备工作是必须做的事情，具体方法请参照第4章的内容。如果独自拍摄时进行麦克风的准备工作，尤其需要注意衣服摩擦声等这类噪声。现场若是有录音部门，就会时常监测是否产生了噪声，可要是摄影师本人连录音也要一起包揽的话，往往不会注意到噪声，只会不断推进拍摄活动。

花费10分钟左右让准备完毕的麦克风保持稳定

准备麦克风的基础在于用胶带将麦克风贴在说话者的内衣或皮肤上。等到胶水晾干，就不会产生衣服摩擦音了，只是多少需要花费一些时间。但不久就会发出“吱啦吱啦”的剥落声，这是因为在衣服贴合演员身体之前布料产生抖动，或者还没处理好麦克风音频线，原因多种多样。

不管怎么说，刚刚贴上麦克风后容易产生衣服的摩擦声，需要先稳定一段时间，之后就不会产生噪声了，记住这一点就好了。

领夹式麦克风需要备用麦克风

由于各种原因，准备麦克风时会产生衣服的摩擦声。只有一支麦克风的话，噪声一旦进入，就会导致失败。为此，除进行准备工作的麦克风外，我们还需要准备好备用麦克风。另外，有必要准备两支以上的麦克风来应对多重录音（利用便携式录音机将每个麦克风的声音录制成不同的文件）。

有两位以上的说话者时，彼此的麦克风就会变成备用麦克风。即便噪声进入了麦克风，也可以用对方的麦克风进行替换。如果只有一位说话者，或者对方离得很远的情况下，那就需要准备备用麦克风了。摄像机在近处的时候，也可以用摄像机的麦克风替代备用麦克风。

衣服的摩擦声是剪辑中最难处理的杂音，所以我们需要充分准备好应对策略。

在专业现场需要准备麦克风和麦克风吊架

在专业的拍摄现场，很多情况下需要同时使用麦克风与麦克风吊架。这是为了应对衣服摩擦声，或者由于枪式麦克风与领夹式麦克风之间的差异，想要获取更好的录音效果而采取的措施。

为了能在剪辑时可以选择任意一种声音，我们要一边利用多重录音进行录制，一边向摄像机传送混合在一起的声音，作为录音部门挑选出来的推荐声音。以领夹式麦克风为主，轻微地混入枪式麦克风拾取的声音，能让声音变得清晰明亮，同时又能营造出距离感。也就是说，利用领夹式麦克风与枪式麦克风的混音也可以表现出主观与客观的声音，详细内容将在后面叙述。

这一点与灯光相似，就像是给人物脸部布光时进行补光。

利用剪辑为领夹式麦克风的无距离感声音赋予距离感

领夹式麦克风的声音，基本上都是主观的声音，丝毫没有距离感。虽然你可以像刚才所说的那样，将其与枪式麦克风的声音混合在一起，制造出明亮且具有距离感的声音，但如果录制现场没有录音部门存在的话，这种录音方法是不可能实施的。

仅用领夹式麦克风收录的声音，只能在剪辑时营造出距离感，而距离感是通过混响来表现的，混响是制作回音的一种效果。

以相同的音质持续录音

在前面的讲述中，我们已经复习了麦克风设置的基础。

下面我来解说“声音的联系”的内容。

声音也有主观与客观之分

影像和照片都有主观的画面与客观的画面，声音也有主观与客观之分。此外，与照片中的近景、中景、远景一样，声音也有距离。

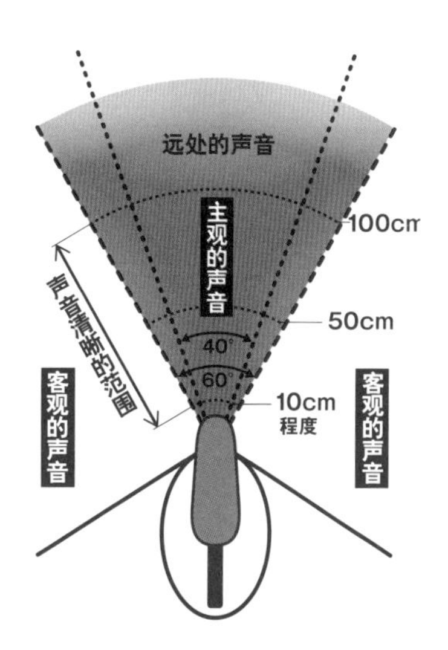

前面提到过的理想拾音范围内的声音其实就是主观上的近景音。要问是谁的主观，那就是正在看影像的人的主观。电视节目几乎都是以观众的主观（视线）来制造影像的，所以需要在拾音范围内进行录音。从这个意义上来说，无线麦克风往往能录下主观的声音，所以很适合电视方面的录音。另外，主观的声音在后期也很容易加工成客观的声音，不知道如何录制的话，暂且先录制主观的声音更好一些。

即便焦点位置改变也能录到客观的声音

那么，主观的声音与客观的声音的差别是什么呢？主观的声音大致分为两种：一种是最佳拾音位置（声音清晰的范围）的声音；另一种是靠近麦克风的前面的声音，即听起来像是在耳边小声说话的声音。

客观的声音指的是麦克风偏离焦点的声音。不过，偏离焦点的声音也分为两种：一种是虽然处在最佳拾音距离内，但超出了拾音角度的声音（也就是偏离麦克风朝向的声音）；另一种是距离麦克风超过100cm以上的声音。无论哪一种声音，都可以通过改变麦克风的角度与距离来区分主观与客观。

如何切换远景与近景呢

影像是由远景（长镜头）与近景（特写镜头）的重复构成的。如果用枪式麦克风录音的话，拍摄远景时麦克风难以靠近人物，人物与麦克风之间的距离会非常远。因此，远处的声音就会变成客观的声音。下次麦克风靠近人物的时候，就能进入理想的位置。虽说录下来的声音不错，但在焦点范围内进行录音的话，声音就会变成主观的声音。这样一来，同一个演员的声音就会时而变成主观的声音，时而变成客观的声音。这种情况下的声音是非常难听的，我们称之为“声音的不连续”。

在电影中经常会看到这种表现方式——推近或拉远镜头。为了让声音连续起来，我们需要计算麦克风的位置。用上述的例子来说的话，配合远景的声音，将近景拍摄时的声音以客观的状态录下来，这样的声音听起来会更加自然。如果准备麦克风（无线麦克风）的话，声音往往都是处在焦点范围内的，所以无论是近景还是远景，都会作为主观的声音录下来。此外，可以在剪辑时（或是MA时）为声音创造出距离感。

不管怎么说，在这里想让大家学到的是，并不是说将麦克风放置在容易录到声音的位置就好了，而是必须录下那个场景、那个影像所需要的具备距离感的声音。制造出这种声音上的距离感，就是“声音的构图”。如果在没有意识到声音的构图的情况下进行录音，声音往往会变得时近时远，成为一种难听的、不专业的声音。

声音不连续的时候这样做

那么，我先来列举一些常见的“不连续的声音”，然后说明如何应对这些声音吧。无线麦克风的音质通常较为稳定，所以这里利用枪式麦克风进行说明。

远景镜头与特写镜头的切换

如果是两个人的对谈，在切换双人镜头与单人特写镜头的过程中，很容易出现全景镜头与特写镜头之间的音质差异。

在演员全身进入镜头的构图中时，摄像机是广角镜头，需要拉开数米的距离。如果在麦克风吊架能够到达的范围之内，将麦克风吊在演员的头顶上，我们经常能看到这样的场景：一方的演员入镜（从画面外进入），麦克风一边录下脚步声一边跟随移动到双方面对面的位置，然后在双方的头顶进行录音。这里两个人的谈话开始了，录音持续一段时间。

不过，将麦克风置于演员头顶，如果构图过于宽广，头顶上其他区域的声音也会被大范围地收录下来，那样就会变得很麻烦。无论如何麦克风都不能进入拾音范围以外的区域。

接下来是特写镜头，可以将镜头拉近到距离演员数十厘米。这时如果将麦克风靠近演员的话，就会录下与刚才距离一米处的音质不同的声音。这就是典型的不连续的声音。

如果最初的镜头只有远景（双人镜头）的话，那就没有问题了。为什么呢？这是因为即便最初不止一个镜头，但这些镜头都是客观层面上的构图，那么声音也会变成客观的，所以画面与声音达成了统一。之后的特写镜头是主观层面上的构图，那么声音也是主观的，所以变成了自然的连续声音。

但是，画面再次回到双人镜头时，声音就不得不变成客观的声音。一直以来都是主观的声音，突然变成客观的声音，这样的对话会让人感到不自然。

对策：远景镜头与特写镜头保持同样的声音

在这样的场景中，保持与最初的广角镜头相同的麦克风距离，再去录制单人（特写）镜头，这样录下来的声音不会让人产生违和感。当然，我们需要将麦克风放置在最初的广角镜头中声音不会变得过于客观的位置。

最后，锻炼能够区分主观与客观的声音的耳朵吧

如果不去实际操作的话，你可能无法理解上述的场景。另外，即便是相同的构图，如果在嘈杂的场所，由于远景镜头的声音太过客观（声音不清楚），这种方法就无

法使用了。

最后，我们需要做的不是记住“这种时候应该如何去做”的大量事例，而是注意区分主观与客观的声音，在前后的镜头中将其转换成相同状态的声音。

独自拍摄的可能性与局限性

如果没有帮忙移动麦克风吊架的助手，上述的情况是不成立的，这种场景对于独自拍摄的人来说是非常困难的。但是，如果有无线麦克风，那么独自拍摄是可以做到的。

如果只有枪式麦克风，我们该怎样去录制同一个场景呢？这种时候就有必要去调整构图了。在双人的远景镜头（长镜头）中，我们要创造出放置麦克风的场所。

其实在很多电影中都会大量使用“隐藏麦克风”的手法。也就是说，为了隐藏麦克风，在拍摄现场布置观赏植物，或者在演员脚边放包，将麦克风放在包的阴影处。当然，也要设法不暴露麦克风的音频线。

即便是广角镜头，有时也要特意从构图中切除演员的脚边区域。如果拍很大的天空，就可以在演员的脚边放置麦克风了。

换句话说，与布光时改变站位一样，我们也需要根据麦克风的位置去考虑改变构图。

录制环境音

我们之前以演员的声音为主对麦克风的使用进行了解说。台词虽然是电影的主要部分，但并不是其全部。作为使电影看起来像是电影的重要元素，能够让人们感受到环境声也是非常重要的。声音可以让人们感受到房间的大小和材质，也可以让人们感受到距离。此外，声音里也存在着许多影像中所没有的信息。

环境音 = 录制空气音 + 基础音

环境音与台词不同，它可以让人们知道拍摄现场的环境。环境音有时也被称为空气音。例如，在森林中，鸟的鸣叫声与河流的流水声就是空气音。在这样的场景录制台词的话，自然就会混入空气音。不过，为了让台词听得更清楚，我们往往会在录音或剪辑时调低或调高音量。可这样做的话，空气音的音量也会随之降低或升高，录下来的声音就会不自然。因此，为了消除这种不自然的感觉，我们在剪辑时往往会消除台词前后的空气音，这就叫作“修音”。也就是说，经过修音后空气音就会消失。但有时台词里也会残留空气音，这会让人感到不自然。

与台词不同，我们会将提前录好的空气音叠加进去。通过将空气音加入其他区域，声音整体就会变得自然起来。因此，有必要提前单独录制环境音。

创造出只录制空气音的时间

我们将不拍影像、只录声音的这种行为叫作“Only”。在这段时间里，停止所有的作业，只录制声音。如果提前录制1分钟左右的空气音，通过剪辑就能使其变成易于使用的素材。

空气音是必须录制的。根据用途的不同，空气音的音量也会不一样。如果是森林的话，由于想要通过鸟鸣声表现时间与季节，所以尽可能地会将声音放大录制下来。因为在剪辑时很容易将其降低到必要的音量。在安静的场所，如果将音量调得过高，电流噪声会十分明显，所以音量在-20dB就可以了。可以提前将音量调整到-20dB左右。

空调和冰箱是“敌人”

在房间拍摄的话，空调和冰箱的声音听起来会非常大。用耳朵去听的话，即便是用无法察觉的音量录下来的声音，听起来也会相当嘈杂。如果可能的话，要关闭这些设备的电源。

如果不能关闭电源的话该怎么办呢？一个方法是打开低通滤波器（削减风噪）。如果是专业的录音机，可以选择需要削减的频率。削减的频率能够降低50～200Hz。我们可以一边用耳机听一边改变设定值，然后确认空调等设备的声音是不是变小了。

如果这样都无法消除的话，那么就要借助剪辑来想办法了。现在的剪辑软件的功能都很强大，可以轻松消除空调与冰箱的声音。

关于低通滤波器

顺便一提，如果提高低通滤波器的设定值，声音就会变得“坚硬”，就是会变成像是被加工过的声音。若是普通的音质，即便削减200Hz也不会让人注意到这一点。但由于男性的声音一般比较低沉，声音听起来像发生了改变，所以有必要对其进行调整。

录制距离感

对于麦克风的使用，我来介绍一下独自拍摄时可以使用的专业技巧吧。

刚才已经提到过，枪式麦克风可以表现出声音的距离感、主观及客观的声音，这里再深入讲解一下。

控制主观和客观的声音

先来复习一下，当麦克风处在声音的焦点位置时、当麦克风拾音准确时（被摄体在麦克风正前方时），录下来的声音是主观的声音。如果改变麦克风的角度，偏离声音焦点的话，录下来的声音就会变成客观的声音。

通过操作麦克风来实现改变麦克风吊架位置的效果

枪式麦克风也可以表现距离感。如果麦克风处于焦点范围之内的话，将近景拉远，就会变成中景或远景。在不改变麦克风的位置的情况下，改变麦克风的朝向同样可以表现出声音的距离感。

不过，经典麦克风只需要改变朝向，就可以让声音听起来像是变远了。也就是说，通过不断改变麦克风的角度，就可以像操作麦克风吊架那样使声音听起来像是变远或变近了。

录制通过音

为了录下汽车等从眼前经过的声音，我们将麦克风放在与汽车行进方向相垂直的位置上，也就是从正面录下所通过车辆的声音，这是上述内容的实际应用。行驶过来的汽车一开始在麦克风的旁边，所以录下来的声音听起来很远。但汽车通过时靠近麦克风的前端，所以变成了近景，之后驶离麦克风的前端，又变成了远景。如果麦克风一直朝向汽车持续录音的话，音质变化小，压迫力也会变小。

我想大家已经注意到了，所谓的麦克风的距离感，除音量外，音质也十分重要。枪式麦克风很容易使音质发生变化，所以我推荐大家使用枪式麦克风。

第9章·指南/目录 不同场合下的录音指南

共通的基本设定

手动调整音量来配合环境音

这个基本设定的部分，就是重复开头所讲的内容。因为这部分内容很重要，所以再复习一遍。录音的目的在于让说话者的声音听起来清晰明亮。明亮指的是说话声在音质上没有问题，而且能够与背景音充分分离。充分分离指的是说话者的声音与背景音之间的音量差在12dB以上。如果拍摄现场十分嘈杂，说话者的声音也很小，一旦调高麦克风的音量，环境音也会随之变大，那么录音也就没有什么意义了。

因此，调整麦克风音量时，首先要将环境音调整到音量电平表快要振动的程度。在这种状态下让说话者发出声音，必要时让说话者大声说话或是将麦克风靠近说话者。

接下来以能够持续调整音量为前提，解说不同场景下的录音方法。

不过，使用采访麦克风或头戴式麦克风的话，即便配合声音大小调整音量也没有问题，因为这类麦克风很难拾取环境音。

不要使用摄像机的自动增益控制功能

不要使用摄像机的自动增益控制功能。虽然有些设备的自动增益控制功能很强大，但是基本上人不说话时录制的环境音的音量就会变大，后期处理起来十分棘手。手动调整麦克风音量的话，关键在于平衡好人声与环境音。

一般来说，麦克风音量要尽量放大，但也要注意不要出现破音，否则就与高音质无缘了。归根结底，人声与环境音之间的音量差是极其重要的，也就是说，“几乎听不到环境音，只能听清人声”这一点是很重要的。

-12dB 是理想音量

理想音量是将人声调整到音量电平表上的-12dB前后发生振动的状态。不过，即使声音是-12dB，若环境音也是相同程度的话，那么录下来的声音也是无法使用的。因此，首先要让环境音处于在音量电平表下方一直发生振动的程度，然后调整麦克风的距离使人声差不多能变成-12dB。离麦克风越近，人声就会变得越大。

请记住“环境音用音量键来调整，人声用麦克风距离来调整”。

独自拍摄和出演

Vlog等一人说话的场景最好使用领夹式麦克风

在拍摄Vlog等只有一个人说话的场合时，利用摄像机上的枪式麦克风，我们可以完美地录制几乎所有的场景。不过，如果周围很吵闹，或是介意房间的回音，就不适合使用枪式麦克风。另外，在改变摄像机朝向，展示其他东西的情况下，握把式枪式麦克风的音量、音质也会随着摄像机的朝向改变而发生较大的变化。

不去在意这些事情，而是去调动演员，这样才会使录下来的声音具有临场感。最好不要用枪式麦克风，而是用领夹式麦克风给移动的被摄者录音。领夹式麦克风的安装与卸除过程都会使音质发生很大的变化，参考第4章的内容，请在最稳定的状态下使用领夹式麦克风。还有一个诀窍在于不用音量键，而是“利用自己的声音大小来调整音量”，将音量控制在听众不会注意到环境音的程度。

拍摄时最好选用无线领夹式麦克风。即便是廉价的有线领夹式麦克风，从提高音质这一点来看，也比昂贵的枪式麦克风操作起来更加简单。

详细内容请参照第3章。

监听耳机套装也是有效的系统

戴在头上使用的监听耳机的麦克风也非常方便。不管在什么样的场合下，被摄体做出什么样的动作，这类麦克风都能以高音质的状态将声音录制下来。不过，要想以最佳音质进行录音的话，这类麦克风的设置方法是极其重要的，我们也可以说这是一类十分复杂的麦克风。在自媒体视频平台上有许多关于此类耳机的使用报告，但其中不少都是因为错误使用而导致音质下降的报告。

即便在弹珠店等极度嘈杂的场所，监听耳机也能将声音清晰地记录下来。为此，我们首先要将耳机头带固定好，使其不要发生移动，这一点是相当重要的。

然后，将麦克风头固定在嘴部的位置，距离嘴巴约1cm。根据说话的方式和声音的特质，麦克风头的最佳位置也会不一样，我们可以边听边调整位置。麦克风头的位置有极其微小的改动，都会引起音质上的较大变化，所以还是需要多加注意的。

与其他的麦克风不同，调整这类麦克风的音量需要配合说话者声音的大小。

SHURE SM 10A-CN。监听耳机分为挂耳式和图示的有线开放式。售价在 16000日元左右（SOUND HOUSE）

使用麦克风支架

即便在一个人说话的情况下，如果把枪式麦克风从摄像机中分离出来，使用麦克风支架的话，音质也会明显变好。麦克风支架在亚马逊上的售价为1500日元左右，所以一定要入手麦克风支架。

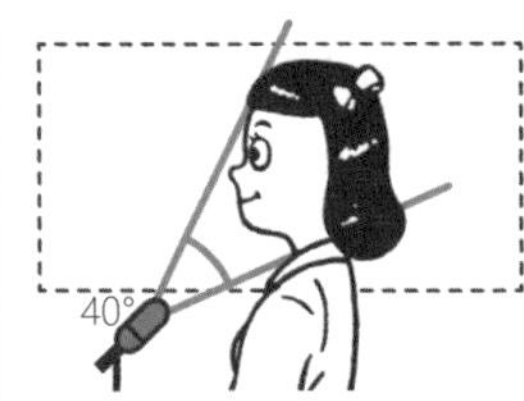

从斜上方录音

使用麦克风支架的时候，最好从上方录音。一般来说，杂音会从水平方向传过来，麦克风越往下噪声越少。不过，说话声会从嘴巴向水平方向扩

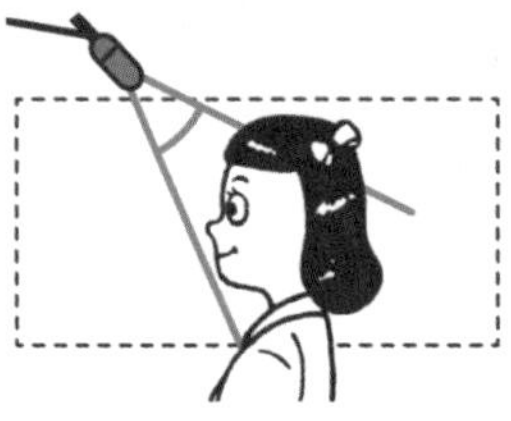

麦克风越靠近嘴部正面，音质就会越好；麦克风越往下，环境音就会越小。所以使音质和环境音达到平衡后再去决定麦克风的位置，尽可能地将麦克风从上方朝向说话者

散，所以比起正上方，将麦克风头从稍靠前方的位置朝向说话者的嘴部，距离以50cm左右为宜。

稍稍从上方的位置用摄像机进行拍摄

作为上述内容的应用，将摄像机从斜上方，也就是俯瞰的角度进行拍摄的话，即便是安装在摄像机上的枪式麦克风，音质也会变好。这是因为麦克风越往下音质越好。

用一支枪式麦克风对一个人进行采访

在采访拍摄中，声音的清晰度是十分重要的。关于摄像机的设置，和前面提到的“独自拍摄和出演”相同，根据环境音来决定麦克风的位置和音量。

首先，我们利用一台摄像机和一支握把式枪式麦克风来进行说明。枪式麦克风的最佳拾音范围在距离麦克风前面的0.5m左右处，离得越远背景音越大。根据背景的嘈杂程度，有效的拍摄范围虽然会发生变化，但安静的场所大概在1m的位置，像活动现场等吵闹的场所大概在0.5m的位置。

其次，是麦克风的拾音角度。一般枪式麦克风的实际拾音角度在麦克风左右两端各60°，也就是大约在120°左右。换算成35mm的摄像机镜头话，只要不是12mm以下的超广角镜头，摄像机的角度基本上可以覆盖麦克风的拾音角度。

不过，在重视音质的情况下，麦克风的拾音角度在左右30°（也就是60°），换算成摄像机镜头的话，大概为38mm。换句话说，如果是以前的摄像机，广角镜头大概为38mm，枪式麦克风的拾音范围与摄像机的角度基本一致。但最近的摄像机的最大广角在28mm左右，可拍摄的影像范围超出了枪式麦克风的拾音范围。在采访对象位于画面边缘的构图中，如果用到枪式麦克风的话，声音的音质就会下降。

鉴于这一点，考虑到实际拍摄，在利用摄像机的广角进行拍摄的场合，我们需要注意被拍摄对象的站位。若被拍摄对象站在画面的边角，我们则需要将麦克风重新朝向被拍摄对象，并且根据周围环境的嘈杂程度来调整麦克风与被拍摄对象之间的距离。如果周围的环境比较嘈杂，那么麦克风距离被拍摄对象不要超过0.5m；如果是在安静的场所，则需要一边用耳机听一边寻找最佳位置。

要点：尽可能地让被拍摄对象处在中心

如果想要利用枪式麦克风录下高品质的声音，就让被拍摄对象处在构图的中心位置后再让其开口说话。如果是必要的影像，最好单独拍摄。

要点：使用自立式独脚架或麦克风支架

在活动现场等嘈杂的场所，利用麦克风支架将麦克风靠近被拍摄对象也是有效手段之一。在这种情况下把麦克风放置在被拍摄对象腰部的高度，将麦克风头向斜上方对准被拍摄对象的面部。

利用枪式麦克风对两个人进行采访

利用枪式麦克风采访两个人的时候，麦克风要对准两个人的正中间。诀窍在于让枪式麦克风与两位受访者这三方之间形成一个锐角三角形，直到三角形的形状接近于正三角形为止。

形成等腰三角形的话，两个人与枪式麦克风之间的距离是相等的。

利用握把式枪式麦克风进行采访

根据环境音的嘈杂程度衡量被采访者与麦克风之间的距离，将麦克风面朝两位被采访者，让两位被采访者与摄像机形成一个等腰三角形，那么两个人的音量就会变成一样。

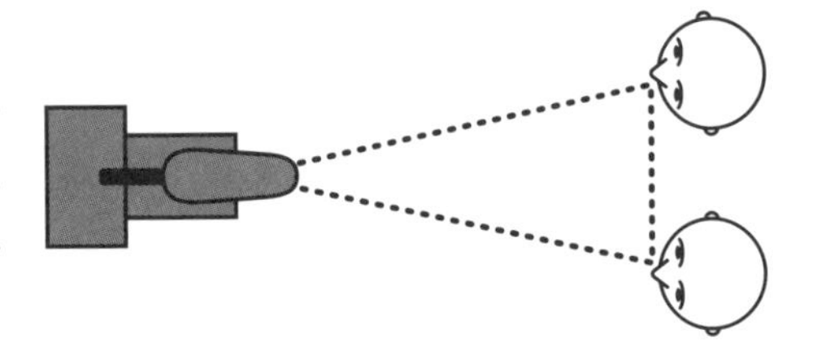

环境音大、距离摄像机远的情况

在周围嘈杂的场所，按照麦克风工作的基本方式，利用音频线延伸麦克风，然后使用麦克风支架。这个时候，麦克风与两个人之间是等腰三角形的状态。

说话者音量不同的情况下改变人的位置

在多个说话者音量差异悬殊的情况下调整人的位置：将声音小的人安排在摄像机前面，将声音大的人安排在远处。不过，此时摄像机的焦点可能只能对准其中一个人。在这种情况下，每次都要将焦点切换到说话者的身上，或者调成广角镜头后选择深焦。

摄影师要进行采访时应该站在摄像机的正后方

摄影师使用枪式麦克风进行采访的时候，站在不同的位置上可以调整自己的音量。枪式麦克风的最大灵敏度大约在前方60° 的区域（左右两侧各30° ），另外正后方也能感应到声音。如果想要直接使用摄影师的声音，就让他站在麦克风正后方50cm以内说话（③的位置）。这样一来，被摄体的声音就会在前面被录下来，而摄影师的声音会在后面被录下来，且具有充足的音量。由于分为了前面的声音和后面的声音，即便在镜头中表现为不同的影像，也可以轻松分辨到底是谁在说话。

1m
50cm
40°
60°
10cm
程度
①
②
③

如果从摄像机后面采访的话，观众的视线就会落在摄像机的背面。如果想要观众移开视线，请采访者站在麦克风的旁边或是稍稍靠前的地方（①的位置）说话就可以了。

如果不想让摄影师的声音进入的话（后期加入旁白），就让摄影师站在麦克风后方45° 的地方（②的位置），因为枪式麦克风在后方45° 位置处的灵敏度最低。不过，实际上声音在多大程度上变小，还需要一边通过移动手上的麦克风确认，一边选取角度和位置。说句题外话，市面上也有那种后方灵敏度几乎为零的麦克风（SANKEN CS-3e），只不过售价高达17万日元！

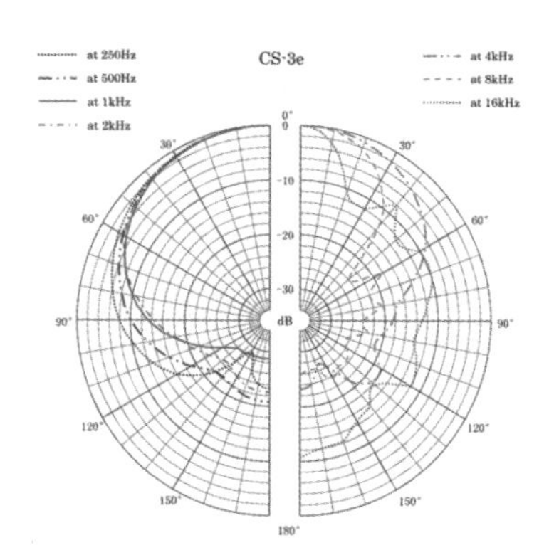

在活动现场等喧闹的场合该怎么办

在喧闹拥挤的场合进行录音的话，使用枪式麦克风是极其不便的，尤其不要使用安装在摄像机上的枪式麦克风。

在熙熙攘攘的人群中进行录音的话，记者或采访者（包括摄影师说话的情况）使用采访麦克风或领夹式麦克风是专业人员需要知道的常识。一般在电视节目中，记者会手持采访麦克风（SM63等），用枪式麦克风录下被采访者的声音。不过，正如前面所提到的，枪式麦克风的角度与位置是非常重要的，在电视节目的工作人员中有专门控制麦克风的“声音人员”。

如果使用的是握把式枪式麦克风，当你感到周围嘈杂的时候，就可以拉伸麦克风的音频线去靠近被采访者。

当只有一支枪式麦克风的时候使用麦克风支架

在独自拍摄的过程中，很难实时操作枪式麦克风，所以要使用麦克风支架去录音。

无论使用哪种麦克风支架都没关系，自立式的独脚架或者摄像机的三脚架都是可以的。

总之，在嘈杂的环境中将麦克风靠近被采访者这一点是非常重要的。让被采访者手持枪式麦克风也是一种方法，但由于枪式麦克风本身没有专门的手持部位，所以会有大量的手持噪声进入麦克风。因此，最好使用麦克风支架。

将麦克风从被采访者的腰部位置朝向嘴部（也就是朝上）放置。既要考虑到麦克风的拾音角度，也要尽可能地靠近被采访者。不过，枪式麦克风与卡拉OK麦克风、采访麦克风不同，将其靠近到被采访者嘴部区域的10cm以内，低音部分就会变得相当明显，从而产生对着麦克风呼气时的pop噪声。因此，麦克风到被采访者嘴部的距离控制在20～50cm，在这个范围内音质较好。

只有一支采访麦克风也可以进行录音

在嘈杂的现场，没有比采访麦克风录制效果更好的麦克风了。常用的SHURE SM63是一款无指向性麦克风，只需要控制好麦克风到嘴部的距离，就能大大减少录音失败的情况。SHURE SM63的售价在2万日元左右，如果有很多外景拍摄活动的话，请一定要入手这款麦克风，它比昂贵的枪式麦克风更能派上用场。SHURE SM63也能用作旁白麦克风使用，所以购入绝对不会吃亏，它是一款非常经典的麦克风。

SHURE SM63是无须使用电源的动圈式麦克风，所以连接幻象电源的话会损坏麦克风，这一点需要注意。

SHURE SM63，
常用的采访麦克风，也可用作旁白麦克风，售价在 2万日元左右

记者进行采访的场合

如果是采访者和被采访者两个人（或者更多人）的采访，只有一支枪式麦克风录音，该怎么办呢？

具体来说，让采访者和被采访者并肩站在一起，然后将麦克风朝向两个人的正中间，麦克风与两个人的距离最好都控制在80cm左右。虽然两个人离摄像机很近，但只有一支枪式麦克风的话，不靠近就无法录到清晰的声音。

如果想离得更远一些的话

如果把枪式麦克风从摄像机上取下来，让枪式麦克风头降到略微低于肩膀的位置，这样就能将声音清晰地记录下来。不过，正如前面讲到的那样，枪式麦克风不适合手持，容易产生严重的手持噪声。在这种情况下，使用麦克风支架（自立式独脚架或三脚架都可以），将枪式麦克风朝上，设置在两个人之间，在腰部左右的高度。

经典款采访麦克风SHURE SM63是最佳选择

在采访麦克风中，前面讲到的经典款SHURE SM63能够以高音质进行录音，不会发生录音失败的情况。如果记者习惯了这款麦克风的话，最好在说每句台词时挥动一下麦克风。

实际上，即便是专业的记者也很容易出现失误，一边采访一边挥动麦克风这件事本身就是极其困难的，所以有必要事先反复练习之后再去录音。

如果不擅长这样操作麦克风的话，就让两个人肩并肩地站在一起，然后将麦克风放在两个人的中间，不要移到胸部那么高的位置，这样的话麦克风的音量就能稳定下来。不过，在环境音很大的场所说话时，需要将麦克风抬到嘴巴附近的地方。

如果不熟悉麦克风操作的话，那么就让两个人靠近，然后将麦克风朝向说话者的脸中央

将一支采访麦克风一直对准对方也是可以的

如果对麦克风操作没有把握的话，最好让麦克风一直对准采访对象，提问内容等在剪辑时换成字幕或者旁白就可以了。

如果以采访对象为主，就将采访麦克风一直对准采访对象，便能录下来稳定的声音

SHURE SM63的焦点范围是5～50cm

SHURE SM63的焦点范围是5～50cm。在这个范围之内，麦克风的朝向不太容易影响音质。当然，将麦克风顶部对准人的嘴部时的音质肯定是最好的，但即使在嘴巴周围音质也不会下降。SHURE SM63是一款非常好用的麦克风，而且非常耐用，通常不会出现故障问题，唯一可能发生故障的情况就是直接接入幻象电源。

如果是录制多人访谈的情况，请呼叫专业人士

如果有多人参与访谈录制，老实说一个人是搞不定的。虽然只要准备好剧本，让说话者面朝麦克风就可以了，但在自由访谈的情况下，我认为没有专业的录音人员是不行的。

聘请专业的录音人士，包括器材在内，大约需要3万日元。如果增加麦克风的数量，追加器材费用的话，总共约为4万日元。

这样录制旁白吧

在自己的住所等地录制旁白的话，由于无法完全做到隔音及彻底消除回音，所以音质会下降。

市场上有很多种用于录制旁白的麦克风，如果没有做好隔音和吸音，录音室的电容式麦克风就无法使用，这是因为这种麦克风的灵敏度太高了。

枪式麦克风也可以录制旁白，且能够清晰录下来包括自然声音在内的各种声音，甚至可以再现声音与麦克风之间的距离感、拍摄场地的空间感。换句话说，虽然是旁白，但并不是客观的声音，而是要营造出临场感。

同样可以使用采访麦克风SHURE SM63

在录制旁白时也可以使用采访麦克风，这类麦克风具有难以录入噪声的特性。

SHURE SM63的音质非常轻柔，这是一款几乎没有低音的麦克风。因此，我认为将

其作为旁白麦克风使用还是存在不足的。但如果是女性的话，我感觉录下来的声音应该不错。将这款麦克风靠近到快要触碰嘴唇的位置，可以稍微改善低音上的不足。由于容易产生pop噪声，请安装海绵防喷罩后再使用。

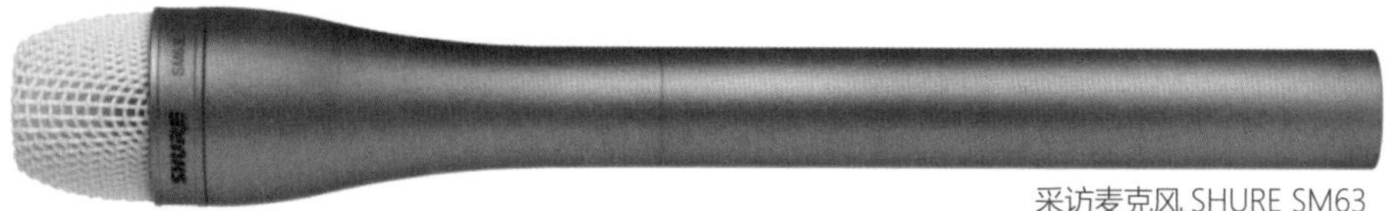

采访麦克风 SHURE SM63

本格派是声音的魔术师：SHURE BETA58A

我想推荐给大家的是真正用于旁白录制的SHURE BETA58A，这是一款声乐麦克风，在之前已经讲到过好几次。使用这款麦克风，即便在普通的房间里，也能获得录音室级别的音质。

SHURE BETA58A是声乐用的特殊麦克风，由于是窄定向的动圈式麦克风，拾音部位距离麦克风头5cm左右。也就是说，周围的声音无法进入麦克风。不过，因为它与枪式麦克风具有某种相似的特性，如果没有对准麦克风的话，音质就会大幅下降。另外，将麦克风放到即将碰到嘴唇的位置，低音就会逐渐变高。要是想要表现出男性性感的声音，可以将麦克风放到这个位置。反之，要是想突出美声等高音，将麦克风稍稍离嘴唇远一点就能获得不错的效果。总的来说，这款麦克风“靠近就可以录制重低音效果的具有高级感的旁白，离远就可以录制清爽的旁白”。只通过操作麦克风就能表现出各种各样的效果，简直可以称之为声音的魔术师。

即便是地面电视的FM广播，很多时候也利用SHURE BETA58A进行录制，其音质可以匹敌录音室用的麦克风。但是，如前所述，角度和距离都会对音质产生很大的影响，这一点需要注意。也就是说，这款麦克风的使用是相当复杂的。如果能够熟练使用的话，应该会成为最好的助手。

具备枪式麦克风特性的 SHURE BETA58A，推荐用来录制旁白

背景音一直很嘈杂的场合

像空调等背景音无法去除的时候，我们该怎么办呢？

使用Premiere的“色彩噪点消除”功能

实际上，最新版的Premiere可以轻松消除这些背景噪声。在Premiere Pro CC2019以后的版本中，有“色彩噪点消除”功能。使用这一功能，我们几乎可以去除所有的杂音，同时完全不必要改变设定值。

在使用色彩噪点消除功能的时候，如果麦克风是自动增益的，声音就会忽高忽低，音质受此影响也会下降，所以不要使用麦克风的自动增益控制功能是铁则。

介意回音的场合

房间的回音造成音质的下降，这也是常有的事情。来自地板和天花板的声音反射会导致回音的出现。如果是混凝土材质的墙壁，那么就会产生非常明显的回音。有时候反光板和吉贝木棉（泡沫聚苯乙烯反光板）也会引发回音问题。

回音是环境音之一。想要减少回音，降低麦克风的音量或拉近麦克风与说话者之间的距离，这些方法都可以尝试一下。放大声音虽然也是一种方法，但回音也会随着声音的变大而变大，所以这种方法很难实施。我认为除了将麦克风靠近说话者的嘴部，没有其他能够有效解决回音问题的办法了。

从麦克风的特性上来说，在使用枪式麦克风的过程中，回音是无法变小的。如果使用的是领夹式麦克风，与枪式麦克风相比回音会减轻不少（离说话者的嘴部近）。如果连领夹式麦克风也减轻不了回音，我认为只能放弃录音了。

另外，在反射声音的墙壁、窗户上粘贴毛毯也是一种方法。如果是窗户的话，拉上窗帘也能减轻回音，制作吸音板围在麦克风周围也能起到一定的作用。

不管是哪一种情况，都必须进行规模浩大的布置，这显然并不现实。

如果介意回音的话，可以通过剪辑消除

不管怎么样，我认为在拍摄现场很难消除回音，但是可以借助剪辑来削弱回音。Premiere Pro CC设有消除回音的效果，在一定程度上可以削弱回音。但“一定程度上”并不意味着“完全”，所以如果十分介意回音的话，可以加入背景音乐，这会让声音听起来更加自然。

想要录制汽车和摩托车的排气声

想要将汽车和摩托车的排气声录下来，其实是一件相当困难的事情。由于这些声音中的低音成分比较大，所以使用打鼓用的特殊麦克风更好一些，但也不能仅仅为了这个理由而购入。

录音位置很重要

麦克风所在的位置不同，排气声会变成完全不同的声音。最具震撼力的是排气口的正后方，但低音太大的话就会超过音量电平表的范围。配合重低音降低音量的话，其他的声音又会变得过小。

于是我改变了麦克风的位置，从旁边录下来的声音比较合适（根据车型与排气量而改变）。

想要录制通过音

这一点在第6章已经详细说明过了，基本上是通过经典麦克风的方向，使通过音变得有压迫感。如果配合汽车和摩托车的动作去挥动麦克风，反而不会产生具有压迫感的声音。

想要录制森林等场景的鸟鸣声

立体声麦克风适合录制自然的声音。高灵敏度、低噪声的立体声麦克风由于售价昂贵，所以可能很难入手。

比较好的麦克风是搭载在摄像机中的内置麦克风。

同样，ZOOM等公司的麦克风附带的录音机也很优秀。不过由于是用于录制音乐的规格，所以麦克风的灵敏度较低。当调高音量时，就会听到“shi——”这样的白噪声，但是可以利用前面提到的色彩噪点去除功能，就不会产生问题了。关于立体声麦克风的使用方法在后面会讲解。

比起立体声麦克风，双麦克风更好

立体声麦克风的售价从数千日元到数十万日元不等，在专业录音方面，既会有使用立体声麦克风的情况，也会有使用双麦克风，即一拖二的单声道麦克风的情况。因为麦克风基本上都是手工制作的，所以每个产品都会存在差异。特性几乎相同的一对麦克风被称为“双麦克风”，并排放置两支麦克风就可以进行录音了。因为可以通过改变麦克风的距离和角度来调整立体声的效

RODE 公司的双麦克风 NT5，在 SOUND HOUSE 上的售价在 3万日元左右（2支套装）。频率特性很好，由于是心形的，所以麦克风背面的声音不会被拾取

果，所以专业人士想要获得这样的声音，就需要使用双麦克风。

立体声录音中所使用的双麦克一般是心形的（单一指向性）。如果是超心形的（窄单一指向性），麦克风背面的声音也会被拾取，会影响立体声的效果。RODE公司的NT5双（心型）麦克风，2支的售价在3万日元左右，价格非常实惠（作为专业人士使用）。如果觉得这个也很贵，那么请看下一款。

最推荐的麦克风就是这款

Behringer公司的C-2立体声电容式双麦克风是心形的，只有麦克风前方能够拾取声音，所以上手非常简单。这款麦克风的拾音范围比MKH416（专业枪式麦克风）广，也适合作为放置麦克风。由于是电容式麦克风，所以接入XLR接线柱的幻象电源需要达到48V。

另外，这款麦克风还内置了低通滤波器和衰减器，功能十分强大。打开低通滤波器的话，就会变成类似采访麦克风的音质，由于手持噪声等杂音减轻了，如果注意握法的话，也可以将其作为采访麦克风使用（但还是很容易出现手持噪声）。

这款麦克风的售价在6000日元左右，从性能上来说十分划算。即使不是立体声录音，也可以独立使用每支麦克风，作为普通的枪式麦克风来使用也是可以的。

Behringer 公司的 C-2立体声电容式双麦克风（附带双麦克风盒、立体声麦克风底座、2支麦克风握把，售价在 6000日元左右）。音质出色，噪声低

录制立体声的H3－VR

立体音响和双声道（再现人耳的听觉）也很受欢迎。无论哪一种，都需要用到特殊的麦克风。立体音响（3D）需要特别的录音设备。

我的必携设备。中间那个圆圆的就是 H3-VR。左边是短款的 SM63和小型录音机 TASCAM DR-10X，右边是售价约为 1000 日元的头戴式折叠耳机，拥有录音室级别的音质

ZOOM公司有一款名为H3-VR的万能麦克风录音机，拥有惊人的高音质，售价在3万日元左右。身为专业人士的我对其出色的音质也感到吃惊。因为筒身小巧可爱，在隔着桌子的采访（对谈）中，我觉得将这款麦克风放在中间也不错。

H3-VR可以录制周围360° 的立体声音。不管声音来自哪个方向，都能让人感知到声音传来的方位。此外，H3-VR还能与立体VR摄像机联动，进行4ch录音。由于立体音频的剪辑软件是免费开放的，所以录音结束后可以改变声音的焦点位置。

另外，这款麦克风能够应对如今在视频网站上很火的AMSR（自发性知觉经络反应），可以将录下来的声音转换成双声道的声音。

想要用iPhone、iPad录音(录制动画视频）

想要利用iPhone和iPad录下优质的声音，当然可以做到。为此，我们需要音频接口。详细内容请看第3章的相关内容。

第10章·指南/目录

设备测评

我尝试测评了
2020年的录音设备。
并写成了为拍摄小型短篇电影的
试用报告。

枪式麦克风

枪式麦克风是电影、电视中使用的主流麦克风。下面是SENNHEISER和RODE的产品的测试报告。

在音质的比较上，我使用相同的声源进行了对比试听。我用到了两种声源，一种是从录音室扬声器传来的现场乐器演奏的爵士乐，另一种是演员说出的台词。

先写结论的话，从音质上来说，关于台词的部分，这次介绍的麦克风全都是可以用于拍摄电影的水准。由于均为超心形指向性麦克风，所以拾音范围几乎是一样的。

将乐器演奏的声音作为声源时，麦克风的售价会直接反映在音质上。售价越昂贵的麦克风音质越好，这是因为低音和高音的再现性不同。

SENNHEISER篇

SENNHEISER是创业七十多年的老牌音响设备制造商，多年来随着电影和广播行业的繁荣而不断发展壮大。在专业录制现场，大家对SENNHEISER的信赖度非常高。

MKH416——从乐器到台词都能应对

【特征】这款麦克风可以说是电影中所使用的枪式麦克风的代名词，也是一款十分经典的麦克风。它材质坚硬，音质卓越。在这次所比较的麦克风中，这款麦克风不光性价比最高，从音质和使用的方便程度来说，也是顶尖的麦克风。

【音质】对比试听现场演奏的爵士乐，在此次测试的麦克风中，这款麦克风最能让人身临其境，且能与其他麦克风录制的声音明显区分开来，让人感觉不愧是MKH416，可以说是王牌麦克风。

【要点】售价在14万日元左右，虽然价格贵得吓人，但是不易损坏，操作起来也很方便。即便微微偏离了拾音角度，音质也会自然发生变化，非常适合录音工作。

MKE600——可用电池驱动，在台词和旁白上发挥威力

【特征】这款麦克风电池和幻象电源均可使用，十分便利，也能直接连接不具备幻象电源的单反摄像机。另外，MKE600搭载了低通滤波器，通过切换按钮可以减轻风噪和空调噪声，十分方便。如果连接了录音功能较差的单反摄像机，就是一款用起来方便、音质出色的麦克风。

【音质】在人声的音域上，与MKH416非常相似。不过，如果是对乐器进行收音的话，基音部分比MKH416尖细一些。若是偏离了拾音角度，声压会急剧下降。因此，比起MKH416，使用这款麦克风时需要更加谨慎。

【要点】如果是电视或视频网站等娱乐节目的话，从音质上来说完全没有问题。如果是给乐器录音的话，最好用均衡器调整一下音质。

MKH816——获得最佳录音奖的长型麦克风（停产）

【特征】这款麦克风是为了录制拾音范围狭窄的声音而生产出来的名品麦克风。音质上与MKH416不相上下，拾音角度则狭窄一半以上。目前这款麦克风已经停产了，市面上在售的是其后续的机型。

【音质】高音质。音质非常接近MKH416，两款混用很方便。

【要点】名气颇高的麦克风，目前可以通过在海外拍卖得到。很多情况下国外的电视台更换设备时也会出售，不到10万日元就能够拿下它。如果有些许污迹的话，售价在5万日元左右。不过这个价格不知道会不会浮动。

RODE篇

RODE公司是一家总部设在澳大利亚的新兴音响制造商，从民用到广播用，生产线都十分广泛，并且一直都在发售设计理念独特的音响设备。近年来，作为一种售价相对较低、品质较高的音响器材，RODE公司的市场份额正在不断增加。

NTG1——入门级专业麦克风

【特征】NTG1是RODE所有麦克风中最便宜的，售价在两万日元左右。因此，想要轻松获取优于摄像机内置麦克风的音质，可以选择这一款麦克风。

【音质】与高级别的麦克风相比，这款麦克风的音质轻柔，很容易与人声进行协调。也就是说，用这款麦克风的话，台词和旁白很容易听清楚。

【要点】如果是台词和旁白的话，使用这款麦克风足够了。但要是给乐器录音的话，与高级别的麦克风相比，这款的音质就没那么有震撼力了。

NTG2——可用电池驱动或幻象电源的单反摄像机配套麦克风

【特征】这款麦克风可以使用电池或幻象电源，是MKE600的竞争对手。与MKE600相比，NTG2的筒身更粗，长度也比MKE600长几厘米。在不提供幻象电源的情况下，这款麦克风的电源会自动开启。

【音质】音质出色。虽然MKE600的售价更高，给人一种更高级的感觉，不过从本质上来说，NTG2与MKE600是不分伯仲的。

【要点】售价比MKE600便宜约1万日元。另外，其内置低通滤波器。从价格上来考虑，我认为这款麦克风也是极佳的选择。

NTG3B——与MKH416并驾齐驱的麦克风

【特征】NTG3B是RODE公司最好的麦克风。音质非常卓越，与MKH416都是值得入手的优质麦克风。售价在7万日元左右，大概是MKH416的一半，性价比相当不错，且附带金属筒壳。

【音质】音质出色且声音清晰，低音优于MKH416，是一款非常棒的麦克风。选择NTG3B还是MKH416，取决于个人喜好。总体来说，MKH416高音清晰，低音自然，而NTG3整体给人一种力量感。

【要点】标准的金属筒壳。音质、附属品齐备，性价比超高。在搭配麦克风吊架使用时，由于拾音角度易于操作，可以和MKH416进行同样的处理。

NTG4+——内置充电电池和两种滤波器

【特征】这是一款内置低通、高通两种均衡器（滤波器）的特殊麦克风，在介意空调等噪声的录制现场被广泛应用。内置充电电池，可以连续工作150小时，同时具备处理乐器等较大声音的PAD（衰减器）。

【音质】收音部分与NTG2相同。在专业现场，这款麦克风能够确保必要的音质。

【要点】包括消除风噪等噪声的低通滤波器，和NTG2音质相同。同时配有增强高音的滤波器（强调高音部分的滤波器），能够对音色进行调整。在现场直播等无法调音的场合，这款麦克风能够发挥重要的作用。

NTG5——配有减震架和防风罩的超高音质麦克风

【特征】最新设计的高音质麦克风，配有手握式减震架和防风罩，非常划算，是一款性价比极高的麦克风。

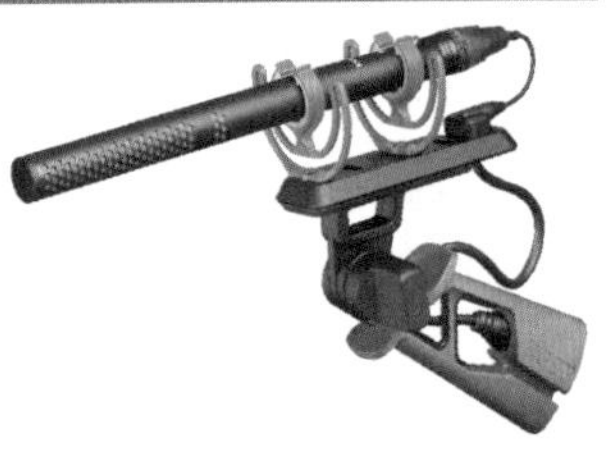

【音质】与MKH416不分伯仲的高音质麦克风。虽然仅次于NTG3B的音质，但是几乎没有差别，与MKH416不相上下。如果录制爵士乐的话，可能有几处高音比较模糊，但录制台词的话几乎听不出任何差别。

【要点】筒身轻便，利用麦克风吊架移动操作也不会觉得辛苦。从电影到电视节目，这款麦克风几乎能够完全覆盖，实在是太难得了。

NTG8——超高音质的长款枪式麦克风

【特征】麦克风、金属筒壳、减震架的套装组合，是一款连低音都能清楚录制的优质麦克风。

【音质】音质好到让人吃惊，甚至超过了名品麦克风MKH816。MKH816的低音稍弱，但这款麦克风能够完美地拾取低音，是一款非常出色的麦克风。

【要点】长款枪式麦克风所用的减震架是非常昂贵的，如SENNHEISER的售价将近10万日元。这款麦克风的套装包含了减震架，这一点吸引力十足。

番外篇

Behringer C-2——超低价格的立体声麦克风

【特征】Behringer C-2是长约5cm的小型电容式麦克风，两支麦克风的售价在6000日元左右，同时搭载了PAD和低通滤波器。由于是超心形指向性麦克风，所以拾音区域狭窄，不过拾音角度比MKH416广。

【音质】低音弱，高音的延展性差。如果是人声的话，大致上是没有问题的。因为噪声非常少，可以说是一款实用性很强的麦克风。与MKH416等高级麦克风相比，虽然声音听起来不够厚重，但也不像以前的收音机那样的声音，而是十分自然的声音。

【要点】由于是双麦克风（包括特性相同的两支麦克风的组合），所以当然可以作为两支同时使用的立体声麦克风，如用不同的麦克风分别收录两位演员的对话等。我非常推荐这款麦克风。因为筒身小巧，所以可以放在摄像机上，或作为放置麦克风使用，还能作为麦克风吊架使用，用法多种多样。

采访麦克风

由于采访麦克风是需要手持使用的，所以会存在如何应对手持噪声，以及当周边吵闹时能在多大程度上将人声清晰录下来等问题。对于采访麦克风的评价要点不一而足。

SENNHEISER MD42——无指向性、超高音质

【特征】这是一款厚重感十足的麦克风。因为是无指向性麦克风，所以麦克风的手持方法不会造成音质上的差别。因此，这也是一款十分容易操作的麦克风。

【音质】从高音到低音，音质清晰明亮。另外，录下来的声音温润高级，作为旁白麦克风被广泛使用，能够创造出具有厚重感的旁白。

【要点】由于是无指向性麦克风，操作非常简单。即便遇到只有一支麦克风、两个人说话这种情况，麦克风的角度也不会造成音质上的变化，所以能够获得不错的录音效果，且手持噪声也被减弱了。

RODE REPORTER——单一指向性的高音质麦克风

【特征】这款麦克风的指向性很强，麦克风头正面的灵敏度最高，横向位置的灵敏度会急剧下降。即使在非常嘈杂的地方，这款麦克风也能将声音清晰地录下来。

【音质】音质卓越。从高音到低音，音质清晰纯净，我认为与SENNHEISER MD42不分上下。

【要点】因为是指向性麦克风，难以拾取周围的声音，所以我认为非常适合在自己的住所等地录制旁白，且手持噪声也十分微弱。

SHURE SM63（L）——电视节目的经典款麦克风

【特征】电视台的记者一般都会拥有这款麦克风，特征是筒身轻巧纤细。这是一款无指向性麦克风，因此操作起来也很简单。

【音质】录制人声非常清晰。低音被压得很弱，听起来舒适自然。

【要点】在任何场所都能清晰录制各类声音的麦克风。与上面两种麦克风相比，手持噪声相对较大。

SHURE BETA58A——窄指向性声乐麦克风

【特征】原本是声乐麦克风，但在FM广播的外景录制中，这款麦克风也是经常使用到的麦克风之一。因为具备很强的指向性，所以很难捕捉到周围的嘈杂声，即便在一个普通的房间里，也可以录下噪声极少的优质声音。

【音质】被摄体与麦克风之间的距离变化会带来音质上的巨大变化：越靠近麦克风，低音就越强；越远离麦克风，低音就被压制得越厉害。人声具有厚重感，给人一种沉静稳定的感觉。

【要点】在专业人士所用的手持麦克风中，这款麦克风的售价相对较低。但是，不管处于什么样的环境中，这款麦克风都能完美地进行旁白的录制，实用性很强。与麦克风的距离变化导致音质上的改变这一点也很有意思。不过，由于这款麦克风的拾音角度狭窄，调整距离会带来音质的急剧变化，因此操作难度较大。如果能熟练使用这支麦克风的话，我们就能看到它的各种声音表现。

无线麦克风

无线麦克风是现场录音时常被用到的录音设备。音质好这一点自是不必说的，能够经受在专业现场运用，以及操作的便利性都是非常重要的原因，详细内容请参照第4章。

SONY UMP系列——录制现场的经典款无线麦克风

【特征】电视节目和中等规模电影的外景拍摄中几乎都会使用这款麦克风。基本上不会产生问题，在任何场合都能稳定发挥。SONY UMP系列经过了多次改良，使用起来非常方便。这个系列自最初发售的初代麦克风，历经多个版本的迭代升级，可以说是稳守住了现在商用麦克风的地位。

【音质】作为专业麦克风，售价虽然不高，音质却堪比广播节目。除了附带的麦克风，如果使用受到NHK青睐的SANKEN领夹式麦克风，音质会更上一层楼。不过，单支麦克风的售价也要5万日元左右。

【要点】由于可以同时使用多支无线麦克风，这个时候在现场设定频率就会比较麻烦，会占用掉不少的时间。SONY UMP系列改变频率非常简单：在接收器端自动搜寻空闲频率，然后用一个按钮简单地把它设置到发射机上。

SENNHEISER evolution wireless G4—— SONY UWP 系列的竞争对手

【特征】SENNHEISER的无线麦克风接发机套装。这款无线麦克风在舞台上就得到了大家的好评，逐渐演变成能够经受住过度使用的设备。电源开关等在表演中不可触碰的东西在外壳的下方，麦克风接线柱的底部和天线等都十分坚固。

【音质】与SONY UWP系列不相上下，低音稳定可以说是其一大特征。在电影、电视剧、电视节目等所有场合都可以录下清晰的声音。

【重点】在我个人看来，在无线电波的可靠性上，虽然SONY占据了一定的优势，但从筒身的轻盈、坚固、麦克风音频线的品质等角度来看，SENNHEISER更加优秀。SONY UWP系列的领夹式麦克风音频线十分脆弱，经常发生断线问题。

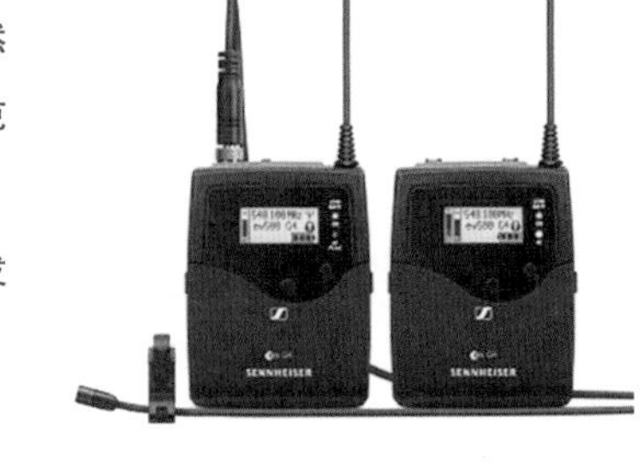

数字接收式无线麦克风

数字接收式无线麦克风的特点在于设置简单、售价相对较低，分为蓝牙式和独立式等。其可以用发射机和接收机进行数据传输，不间断地传递连续声音，但也存在着声音延迟等问题。延迟程度会随着使用环境的变化而变化，所以需要留意这一点。详细内容请参照第4章。

RODE WIRELESS GO——高音质、噪声极小

【特征】这款麦克风筒身长约数厘米，是一款简单、易操作的无线麦克风。筒身内置发射器，放入胸前口袋或利用回形针固定等均可以清晰录音。如果使用单独出售的领夹式麦克风，音质足以达到电视节目等场合所要求的水准。

【音质】由于是内置麦克风，所以音质十分出色。与SONY UWP系列混合使用，甚至都无法区分这

两款麦克风，基本上不会产生衣服的摩擦声。不过，这款麦克风的灵敏度很高，所以也能在一定程度上拾取周围的声音。在这种情况下，我推荐使用单独出售的领夹式麦克风（Lavalier Go），这样基本无法察觉声音是否发生了延迟。

【要点】接收器端配有的音量电平表、收发器均设有电池的余量显示，十分便利，同时具备调整输出功率等专业人士想要使用的功能。值得注意的是，内置发射器的麦克风，在很大程度上抑制了手持噪声。即使藏在衣服内侧，也不会出现衣服的摩擦声，可以说性能十分强大。此外，发射器的接线柱是3.5mm的普通麦克风输入接线柱，除了单独出售的领夹式麦克风，还可以连接MKE600和NTG2等电池驱动式的麦克风。

RODE Newsshooter Kit——配有可用幻象电源的 XLR 接线柱

【特征】可接入幻象电源，以及所有专业麦克风均可使用的无线收发器。在接收器方面，配有音量电平表和发射器、接收器的电池余量显示。在发送器方面，搭载有3段式的麦克风音量（减震器）和限幅器，是一套可以满足专业需求的麦克风系统。

【音质】可以充分表现出所连的麦克风的音响品质，和接续音频线的效果基本一致。由于可以改变麦克风的音量，在所有的场景中都可以确保最高的声音品质。

【要点】延迟小，在与连接音频线的麦克风混用的电影拍摄现场等场合，如果混音器没有应对声音延迟的功能，回音现象就会比较明显。单独使用的话没有问题，可以改变输出功率，从连接摄像机到混音器都能灵活应对。发射器端可以使用SONY L号电池。

SENNHEISER XS Wireless Digital——领夹式麦克风和手持麦克风使用的收发器

【特征】 领夹式麦克风、手持麦克风所用的发射器（无幻象电源）和接收器（1个）的套装。只有一个按钮，操作起来十分简单。发射器端细长小巧，所以在身上佩戴的负担较小，这也是优点之一。

【音质】延迟小。领夹式麦克风的音质十分出色。手持麦克风用的发射器可以通过XLR接线柱直接连接麦克风，但是SM63和MD42等采访麦克风的输出功率小，需要调高摄像机端的音量，信噪比也会因此变差。所以这款发射器比较适合音乐或唱歌等音量较大的应用场景。

【要点】特征在于筒身细长轻巧，对演员的负担较小。同时具备发射器端设为静音等专业人士想要利用的功能。

Audio-Technica ATW-1701/L——可以灵活选择输出电平的亲切设计

【特征】2.4GHz频段范围的数码无线领夹式麦克风的套装。可以通过安装外置天线来更改角度，是一款有效防止电波干扰的麦克风。另外，由于接收器的输出电平可以在平衡式与非平衡式之间切换，所以能够直接连接摄像机，不过若是想接入混音器的话，则需要使用变换器。

【音质】延迟小。领夹式麦克风的音质出色，且麦克风的形状比较独特，在侧面的集音部位有开口，放入衣服时需要花费点时间。

【要点】接收器为充电式，发射器为5号电池。只要接入电源，收发器就能进行工作，因此省去了设置频率等烦琐的工作，同时能够出色应对无线LAN的干扰。

录音机

录音机是提高音质的推动力。虽然将麦克风直接连接到单反摄像机上也能进行录音，但是需要接入幻象电源的专业枪式麦克风是无法使用的。如果从稳定的音量、多声道录音、规避一切风险（音量突然放大、主麦克风和辅助麦克风同时录音）等方面来考虑的话，录音机是必备的器材之一。

对于真正的影像制作来说录音机是不可缺少的，毕竟单反摄像机的录音功能绝对称不上高性能。下面我来介绍一下不同场合应该使用的设备。

如果是普通的影像（采访或旅行节目等），4ch录音机是最合适的选择。筒身尺寸越小，外景拍摄时就越方便。如果是广播节目，有多名演员参加的节目或电影，6ch以上的录音机更为合适。不过作为专业使用的设备，你需要入手售价相对昂贵的6ch以上的录音机。至于录音机的用途，我想很多人大概也不太清楚，所以最好尽量选择上面提到的机型。

ZOOM公司篇

ZOOM公司是音乐录音设备的老牌制造商，制作出了很多售价低、音质出色的录音机。

ZOOM公司的产品大致分为面向电影等影像制作的F系列和主要供音乐工作室使用的H系列。这两个系列我都有购入，一般根据摄影的规模来区分使用。

F8n——录音设备的“最高峰”

【特征】在第5章中已经介绍过，这款录音机具备电影等录音活动所必需的功能。特别是通过使用外部混音控制器FCR-8，无论在哪里都能实现与录音室相当的效果。如果有FCR-8的话也可以使用键盘，在电影中简单输入场景名等。这样一来，剪辑工作就会变得更加轻松。另外，这款录音机可以与蓝牙、智能手机等设备相连接，通过触屏操作来调控音量调节器等，但需要一定时间适应，如果是非常紧急的电影录制等活动，我还是推荐使用FCR-8。

【音质】具备强有力的超高限幅器，完美地降低了破音的风险。Pre Fader（trim）和Post Fader是独立操作的。用静态拍摄来说的话，在保存无损数据的同时，也能单独保存用Fader调整后的声音。能够保存调整前的无损声音这一点是非常难得的。

【要点】在最新型的录音机中，这款录音机的重量最大。另外，电池不易携带，更换电池也比较麻烦，所以最好准备一下12V AC适配器。可以将立体声麦克风、XLR2ch套装接入麦克风的密封接头，最多实现10ch输入。

F6——售价低、性能好

【特征】与F8n的性能基本一致，可实现6ch录制，在等级上存在一定的落差。和F8n相同，可使用外部混音控制器，并且能够与蓝牙、智能手机等设备连接操作。机身小巧，重量轻，所以我认为使用起来比F8n更加方便。从动力上来看的话还是选择F6更好。

【音质】音质和F8n相同，限幅器也是一样的。但由于F6的数码记录采样精度扩展到了32bit，所以其动态范围得到大幅提升。通过灵活运用这款录音机，即便不使用限幅器，也可以降低音量过高的风险。

【要点】外部电池使用SONY L号电池。一枚L号电池基本可以保证一整天的录音工作，能够在很大程度上减轻携带随身物品的负担，在外景拍摄时非常便捷。

H8——售价低，在音乐和影像方面都能发挥威力

【特征】ZOOM公司的H6（4ch 录音机）原本作为音乐用途发售，但不少人在拍摄影像时也会使用这款录音机。作为其后继机种登场的是H8，标准款是6ch输入，外部扩展最多可以达到8ch。如今变成了触屏控制，操作非常便捷。使用方便的原因在于沿袭了迄今为止的H系列操作，如果是时下的用户，我认为即便不看用户手册也能熟练操作这款录音机。

【音质】H6的限幅器存在着一点小瑕疵，那就是输入音量过高，会导致音质产生些微的失真。不过，同系列的H8加入了专业人士所喜爱的限幅器，用户可以决定阈值（上限值）、动作时间（开始运作前的时间）、固定时间（持续时间）。初始值不适合录制影像，设定为-6dB、1ms、50ms这种程度，我认为正适合制作影像，可以保证高品质的声音。

【要点】可以从主界面中切换“录音（影像等）”“音乐”和“播客”等功能，只要选择相应的功能，界面构成和内部设定都会实现最佳设置。通过使用单独销售的配件，可以借助蓝牙连接实现与手机的互联。播客模式非常独特，用一个按钮播放铃声，就能轻松制作广播节目。

TASCAM公司篇

TASCAM公司是老牌的日本音响设备制作商，面向专业人士生产、发售了大量录音室专用的音响设备。录音机的历史悠长，可以说是经受住了专业人士的试炼。其中的DR系列作为面向单反摄像机的混音器和录音机最早登陆市场，开创了在三脚架和单反摄像机之间加入录音机使用这样划时代的风格。这次我要介绍的是DR系列的两款产品。

以摄影师独自处理声音为前提的设计方针，兼顾考虑产品成本，我认为这两款产品设计合理且易于操作，在价格方面也很公道。

首先介绍一下这两款产品共通的基础功能。前面已经说过，录音机安装在三脚架和摄像机之间，可以在与摄像机的操作面板并列的状态下操控录音机。由于两款产品是金属筒身，轻便小巧，配有传统的操作把手，可以很直观地操作。电池盒设在背面，不用从三脚架上取下来就可以进行更换。电池盒的制作十分优良，打开树脂外壳，内置坚固的电池盒盖。当你打开它的时候，在弹簧的作用下，可以轻松取出电池进行更换。在录

音机中，我认为能够最轻松更换电池的就是TASCAM公司的产品。

大部分的设定都在菜单界面中操作，用拨号盘旋钮可以快速切换项目。由于反应十分迅捷，在拍摄现场无须复杂的步骤就可以更改设置。

有趣的是，这两款产品都设有一个接收摄像机耳机输出的接线柱，当你在预览摄像机的时候，不用把耳机重新插入摄像机上就能进行确认，这一功能让人出乎意外地感到方便。

DR-701D——摄像机和时间码同步、联动录像

【特点】该产品具有其他产品所没有的功能，并具备专业人士所要求的音质等音响功能。应该注意的是将HDMI线缆连接到摄像机，与摄像机的录像按钮产生联动，然后就能控制录音的启动与结束。另外，从HDMI提取出时间码记录在声音数据中，就可以在编辑时轻松可靠地实现影像和声音的同步。DR-701D还同时具备在电视等立体声收录中所要求的外部时间代码同步功能。

【音质】具备专业级的优秀信噪比和音质。在连接麦克风的状态下，即使将音量调到最大，也不会听到白噪声。也就是说，这款录音机达到了电影和电视节目所要求的水准。筒身内置立体声麦克风，可以帮助视频制作者拓宽制作的范围。

【要点】HDMI的级联（串珠）连接可以增加频道数。另外，在DR-701D的HDMI输出中，摄像机的影像用本机调整完毕加上语音的4ch语音附映输出像。外部影像通过连接录音机，可以记录之后的影像。详见本书第5章，请参考。

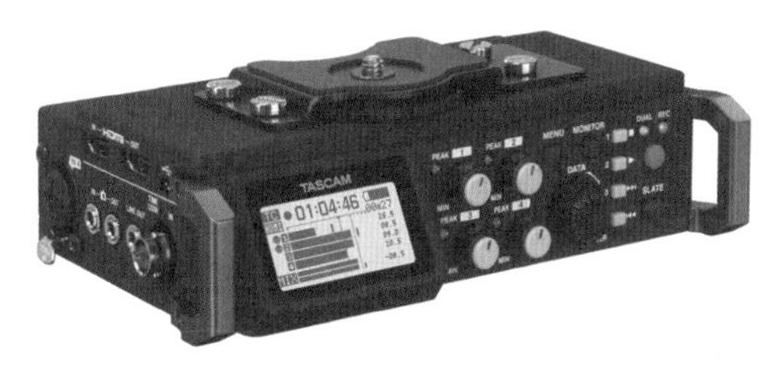

DR-70D——低价的专业录音机

【特征】售价不到3万日元的简易4ch录音机。与DR-701D相比，DR-70D在音响功能上省去了HDMI联动的功能。不过，这款录音机具备视频摄影师所必需的功能，是一款具备专业规格的录音机。

【音质】具备专业人士所要求的音质，和DR-701D相同。

【要点】兼备专业人士所需的录音功能和音质，售价也十分合理。与其他公司同等性能的产品相比，这款录音机从售价来看优势更加突出。即便在搭建专业音响系统的场合，DR-70D也是一款性价比极高、拥有专业音质的产品。

其他的周边设备

我来介绍一下使用麦克风时必要的周边设备。麦克风操作需要准备麦克风吊架、减震架、防风罩、麦克风底座等，这些设备在选择方法上也有诀窍。

麦克风吊架篇

麦克风吊架就是安装在枪式麦克风的前端，从演员的头顶进行录音的必备器材。除了超过4m的特殊麦克风吊架，其他产品的性能都是一样的。因此，本书并不是列举产品，而是讲解如何去选购麦克风吊架。

麦克风吊架的基础

麦克风吊架是一种非常简单的工具，能像钓鱼竿那样伸缩使用。大多数情况下利用海绵，能够防滑或减轻噪声，麦克风吊架的前端设有用来安装麦克风的螺丝。市面上有那种可以固定任意长度的固定装置，类似于三脚架的锁扣。

麦克风吊架可以长年使用，即便是20年前购入的，现在用基本上也没有问题。从这个意义上来说，即使售价昂贵，也要选择经久耐用的产品。

麦克风吊架长度的选择方式

短一点的麦克风吊架约2m，最长的约4.5m，但麦克风吊架越短越容易操作，使用最多的麦克风吊架长度为2.7m。在外景采访中，2.7m显得有些过长，无须伸长使用。在访谈中拍摄人物上半身的特写镜头时，如果从摄像机位置伸长麦克风吊架的话，大概2m就足够了，所以我经常会一边单手操作2m左右的麦克风吊架，一边录音。

如果麦克风吊架超过3m的话，就需要用双手操作，对于摄影师来说这一点可能做不到。

材质与段数

选择麦克风吊架的时候，重量非常重要。沉重的麦克风吊架会消耗我们的体力，手臂也会禁不住颤抖。有时这种颤抖就会产生噪声，所以最好选择重量轻的麦克风吊架。

从麦克风吊架的重量和硬度综合考量的话，碳纤维材质是最好的选择，但其售价是铝制材质的两倍。

另外，麦克风吊架的段数越多，收纳尺寸就越短。使用广泛的廉价麦克风吊架一般是三段式的，收纳时在0.9m左右。作为一名视频摄影师，我认为也可以考虑选择四段式、五段式的麦克风吊架。但是收纳尺寸在0.5m左右的移动麦克风吊架售价昂贵，大概需要花费5万日元。如果是那种内藏音频线的款型，售价甚至能达到10万日元。

2.7m的铝制麦克风吊架，花费不到1万日元就能入手，应对日常的录音工作已经足够了。如果是类似于电视剧等拍摄活动，单次的拍摄时间就超过5分钟，可以选择轻盈的碳纤维麦克风吊架。

伸缩功能

固定伸缩的结构有螺旋式和杠杆式。虽然杠杆式机动性较高，但螺旋式在耐久性上更加出色，所以我推荐使用螺旋式。

另外，为了改变麦克风头的方向，我们有时需要旋转麦克风吊架，所以固定夹具也要非常坚固，避免出现松动。

麦克风吊架的软硬和粗细

麦克风吊架和钓鱼竿不同，太软用起来不方便。这是因为如果麦克风头发生摇晃，音质就难以稳定。另外，在粗细方面，麦克风吊架越粗的话就会越省事，不过要是变重的话，就会本末倒置。所以，综合考虑各方面之后再选择，这一点很重要。

音频线的处理方法

市面上存在那种内藏麦克风音频线的麦克风吊架，在麦克风吊架中加入了卷线，就不存在处理音频线的问题了，这样一来就十分方便了。但是，内置音频线的麦克风吊架是非常昂贵的，与同类型的麦克风吊架相比，要贵上1万多日元。在外景拍摄较多的情况下，可以将其作为选项之一。

如果挥动麦克风的话，内置音频线在内部出现偏移，就会产生声音，因此需要利用混音器等实施低音衰减（低音衰减和风噪削减）。如果想要灵活利用男性低音的话，那就不要使用内置的音频线，将音频线缠绕在麦克风吊架上就可以了。

其他的特殊吊架

我使用的是中间可以弯曲到接近90° 的麦克风吊架。由于中间的部位弯曲了，接近垂直的状态，可以减轻手臂的负荷。另外，将麦克风吊架底部放在地上或放在裤子的腰带上，单手就可以操作麦克风。

不过，只有美国的TEK公司生产这种弯曲的麦克风吊架，售价为14万日元，音频线是内置式的。我通常会一边操作混音器一边挥动麦克风吊架，所以这个吊架还是能派上用场的。即使不雇佣录音助手，一个人也可以应对几乎所有的现场录音。

减震架篇

在麦克风工作时，减震架是不可缺少的。减震架的作用在于避免造成麦克风本体产生噪声的振动。

从功能上来说，减震架大致可以分为安装在麦克风底座上的、安装在摄像机上的和安装在麦克风吊架上的手枪式握把。

从结构上划分的话，有用橡胶零件安装在经典麦克风上的橡胶减震架，还有用橡皮筋吊住麦克风的悬挂式减震架。悬挂式减震架中也分为用细树脂代替橡皮筋做成弹簧状的类型。从耐久性来说，橡胶减震架是最好的，悬挂式减震架是有寿命的，属于消耗品，几年就要更换一次，也可以使用手工布包着橡皮筋。树脂减震架虽然重量轻，售价也相对便宜，但如果施加压力，很容易就会损坏。

麦克风底座用的减震架

将麦克风安装在麦克风底座上，也可以做成一种简易的固定支架，或是将其当作减震架使用。如果不使用减震架，直接将枪式麦克风安装在麦克风底座上，敲击桌子等声音就会传递到麦克风，从而变成令人讨厌的噪声。在麦克风底座用的减震架中，悬挂式才是主流。虽然在售价上有浮动，性能却是基本相同的，不管选哪一种都不会有问题。

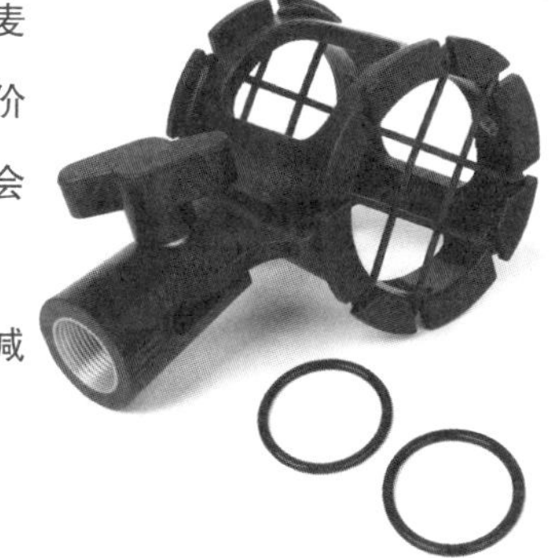

说句题外话，旁白麦克风和声乐麦克风由于内置减震架，所以使用简单的固定夹具就可以了。

手枪握把

手枪握把是为了手持使用枪式麦克风而设计出来的减震架，利用握把底部的螺丝孔将麦克风固定在麦克风吊架上。实际上，麦克风底座也可以用手枪握把固定。

手枪握把可以用来应对频繁更改麦克风朝向的情况，即便发生摇晃也没有关系。不过，如果与麦克风发生碰撞的话，就可能造成麦克风故障。因此，一定要避免粗暴的操作方式。

手枪握把分为橡胶式和悬挂式两种类型。橡胶减震架的故障少，即便不小心撞到了麦克风，基本上也不会造成麦克风的脱落，所以我建议购入橡胶减震架。这里推荐使用Rycote公司的产品，但是需要选择与麦克风直径相对应的产品。

安装在摄像机上的减震架

安装在摄像机上的减震架一般安装在摄像机的热靴上。不过，像MKH416这种全长为20cm的麦克风，就无法在摄像机上进行安装了，通常需要使用摄像机用的麦克风附属品。虽然也有通用的减震架，但是可以安装的麦克风却是有限的。

另外，也有那种用来固定三脚架的设有1/4螺孔的减震架。

麦克风的直径

麦克风的直径各有不同，最细的有18mm的MKH416和MKE600等，其他麦克风的直径在20mm左右。通用的减震架比较细，可以在中间夹入橡胶板。

减震架用的螺丝种类

经典麦克风的减震架的螺孔有3种。直径1cm左右的3/8英寸螺丝用于麦克风底座，5/8英寸用于手枪握把式减震架。目前，为了能安装在摄像机上，也出现了1/4英寸螺丝，还有转换螺丝。转换螺丝用起来十分方便，所以可以购入各种转换螺丝。

防风罩和挡风罩篇

呼吸声和风声进入麦克风，会产生令人讨厌的噪声，防风罩或挡风罩就是用来抑制这种噪声的装置。防风罩的材质多种多样，近来也出现了许多新型材质的防风罩。

在不安装防风罩的情况下，即使轻柔的微风也会产生噪声。尤其在麦克风在一边移动一边使用的情况下，麦克风阻断空气的声音甚至都会成为噪声。防风罩可以说是经常会使用到的物品。不过，声乐麦克风和采访麦克风的头部是像烤架一样的网状，在内侧设有防风罩。虽然从构造上来看，与枪式麦克风相比，这两类麦克风不易产生噪声，但是微风拂过头发会产生噪声，呼吸声也会产生噪声，所以也有声乐麦克风和采访麦克风用的防风罩。

防风罩

目前，标准款的麦克风都会附带海绵防风罩，我们会经常使用到它。

除麦克风自带的防风罩外，如果直径和长度合适的话，我们也可以使用自备的防风罩，颜色的选择也很多。

由于使用了新型材质，枪式麦克风所用的防风罩与后述的挡风罩一样，有些防风罩具有减轻噪声的功能。根据尺寸的不同，防风罩的售价在5000 ~ 10 000日元。

另外，这种防风罩也很容易弄脏，属于消耗品之一，在网上、实体门店均有售卖。

挡风罩

挡风罩是用一种长毛状的布料覆盖住麦克风的装置。与防风罩相比，挡风罩可以抵挡更强的风力，从而抑制噪声的产生。挡风罩大致可以分为直接覆盖在麦克风筒上的，覆盖在防风罩上的，以及直接覆盖在麦克风筒身上、但其内部有粗粗的海绵状结构，需要为其留出一定的空间的（我们将这种结构称为“Softie”）。此外，还有那种将麦克风和减震架放在筒状的橡胶里，外面用长毛状的袋子包住的挡风罩。

内部空间越大，风的影响就越小。但是，目前的主流是软体的挡风罩。笼型挡风罩虽然性能高，但售价高且比较重。我推荐Rycote公司生产的Softie，与该公司的手枪握把减震架组合使用是最佳选择。

耳机篇

耳机也是录音时的必备品之一，下面介绍一下我所使用的设备。

SONY MDR-900ST

这是SONY的经典款耳机，拥有十分出色的音质，能够清楚地听清小音量的声音和大音量的声音，我认为用这种耳机听到的声音才是真正的声音。我将耳机垫换成了完全封闭式的，监听耳机可以替换成接下来介绍的SONY MDR-7506 —— 一款能够折叠的耳机。

SONY MDR-7506

SONY MDR-7506是SONY MDR-900ST的“弟弟”，在低音上稍逊于前者。耳机是折叠式的，音频线是卷线，是一款易于携带的录音室耳机。实际试听的话，基本上无法区分SONY MDR-7506与SONY MDR-900ST。如果不是制作音乐的话，我们自然要通过低音衰减来录音，所以这款耳机的音质是没有问题的。这款耳机拥有很好的便携性等性能，但售价只需1万日元左右，从性价比上来看非常高。如果想要改造SONY MDR-900ST的话，价格估计也会超过2万日元，所以我推荐大家购入SONY MDR-7506。

我的常用设备

我们已经介绍了各种各样的设备，接下来介绍一下我在不同场景下的设备构成吧。

只有摄影师的电视节目(外景)

在旅行节目等出演者只有一位的情况下，选择无线麦克风SONY UMP系列、MKH416（枪式麦克风）及麦克风吊架。在摄影师还要兼做录音师的独自拍摄场合，我们可以不通过混音器，直接将麦克风连接摄像机。不过，这存在音量的最优化和破音问题。

作为一种简易的套装，有时我会将RODE Wiereless GO和纯正领夹式麦克风作为无线麦克风使用。这套设备不仅轻巧，还十分方便。

摄影师 + 录音的电视节目

如果两个人分别担任摄影师和录音师，或是导演兼任录音师，那么我会选择两组无线麦克风、枪式麦克风，再加上麦克风吊架，混音器选择ZOOM H6。不过，由于ZOOM H6无法输出（调节摄像机的麦克风音量时的哔声）基准信号，所以预先用ZOOM H6录下基准信号，用于在现场调整摄像机。ZOOM H6可以实现4ch+外部2ch，共计6ch的多声道录音。ZOOM H6基本可以应对出演者在6人以内的情况。而在操作性方面十分出色的ZOOM F8n实际则需要使用外部音量调节器。

我在拍摄电视外景时使用的设备。这是一套重视轻便性和紧凑度的系统。麦克风有 1台电池驱动的 MKE600 和 2台 SONY UWP 系列。录音机是 ZOOM H6，放在左边的专用盒子里，挂在脖子上使用。麦克风吊架选择了 K-TEC 公司的 KA-113CCR（内置音频线、不到 17万日元），这款吊架是顶部折叠式的，售价昂贵。必要时还可以准备采访麦克风 SM63

在自己家中的在线会议等

在家中召开网络会议时，通过音频适配器将枪式麦克风（MKE600）连接电脑。如果介意房间其他的声音，那就选择SHURE BETA58A或SHURE SM63。枪式麦克风的焦点范围更加宽广，可以随意移动。而声乐麦克风和采访麦克风的焦点范围窄，所以自己的操作动作需要十分谨慎。但是，在线会议这款应用程序已经有了相当大的进步，可以为我们自动调整音量，保持一个稳定的状态。因此，我认为无须太过担心。将RODE Wireless GO戴在胸前，也可以进行高音质的会议。

必备的微型系统

拍摄时的必要设备都准备好了，接下来我介绍一些碰头协商时或旅途中可以录制音乐素材的微型设备。

1. 录音机【TASCAM DR-10X】

TASCAM DR-10X是带有XLR接线柱的录音机，形状比烟盒还要小巧。除了可以直接连接手持麦克风进行录音，还可以将XLR接线柱换成3.5mm接线柱。这样一来，我们就可以连接Wireless GO等无线麦克风了。

2. 麦克风【采访麦克风 SHURE SM63】

因为有广播节目，所以在旅途中也需要可以进行采访的麦克风。

3. 麦克风【枪式麦克风MKH600+Rycote】

旅行时，为了录制自然的声音，我携带了这款麦克风。虽然体积稍微大些，但考虑到音质还是带了。

4. 无线麦克风【Wireless GO】

无线麦克风是非常方便的。为了做会议记录，将其放在桌子正中央，然后用DR-10X进行录音，这时使用RODE的VXLR，进行XLR接线柱和3.5mm接线柱的转换。

5. 头戴耳机【Panasonic RP-HT40 + 50mm ϕ 耳机】

因为是录音室耳机，所以声音较大，在廉价的折叠式头戴耳机上安装好厚厚的耳机垫并随身携带。这款头戴耳机的售价在1500日元左右，能够输出录音室级别的高品质声音。

这是我的微型系统，也是一个人去拍摄外景时所使用的音响系统。麦克风是电池驱动的MKE600，采访用的是SM63，无线麦克风选择Wireless Go(也有Lavalier麦克风)。录音机是TASCAM公司的DR-10X，可以直接连接MKE600和SM63。与Wireless Go连接使用RODE公司的VXLR+。迷你三脚架附有MKE600附带的减震架，作为麦克风底座和麦克风握把使用。在压缩行李的时候，用Wireless Go和单独售卖的interview Go代替采访麦克风。Interview Go是将Wireless Go的发射器安装在手持握把的底部，然后覆上防风罩使用。也就是说，Wireless Go变成了采访麦克风。不过，由于采访麦克风灵敏度非常高，可以轻易拾取周围的声音，靠近嘴边说话能够改善这一状况

番外章

自宅直播·录音技巧

受新型冠状病毒肺炎疫情的影响，在自己家中使用Zoom等在线会议系统的人越来越多了，清晰的音质变得尤为重要。因此，我总结了一些在家录制高品质声音的技巧。另外，在家录制旁白时也可以使用同一系统。

在自己家中录音时可以用来提高音质的设备

在家中进行直播的时候，选择设备要了解应该使用什么样的麦克风、如何设置麦克风，以及了解房间的尺寸和墙壁的材质。

如果房间是钢筋混凝土建成的，那么选择声乐麦克风或采访麦克风

房间的建造材质不同，麦克风的选择也会有所差别。特别是钢筋混凝土建成的墙壁，回音会产生很大的影响，所以有必要把麦克风靠近嘴边。我推荐的麦克风是SHURE BETA58A或SHURE SM63。但是，无论选择哪种麦克风，都需要保证适当的音量，所以在难以发出大音量的声音时，最好选择电容式麦克风。我推荐用来直播的USB麦克风，音质好、售价低。

使用声乐麦克风和采访麦克风还有一个优点，就是不需要使用减震架，只要有台式麦克风底座就可以了。还有一种被称为“鹅颈管”，可以自由弯曲的支架底座也很方便。

如果是回音较少的房间，也可以选择高价的电容麦克风

在房间里拍手，可以判断房间的回音程度。在回音较大的房间里，拍手后可以听到回音。在回音较小的房间里，高价的电容麦克风可以在直播中创造出具有魅力的声音。

最简单的方式是戴上监听耳机

考虑到房间回音和直播应用程序所产生的蜂鸣声等，游戏用的监听耳机（耳机+麦克风）是最简单的设备，也可以用来提高音质。

也可以挪用摄影器材

可以使用摄影用的枪式麦克风。安装在摄像机上的小型枪式麦克风，只要找到最合适的安装位置，也能够输出优质的声音。

不过，这类麦克风要从斜上方向下设置。

如何将麦克风连接上电脑

与选择麦克风同样重要的，就是如何将高音质的麦克风连接上电脑和手机，接下来我来介绍一下如何将麦克风连接这些设备。

需要音频接线柱

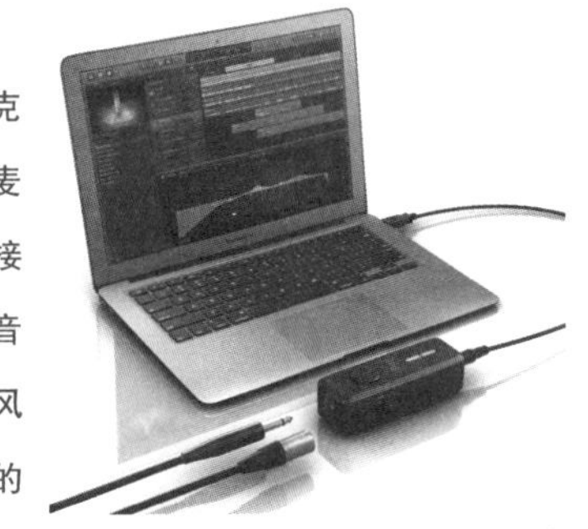

电脑上有麦克风的输入接线柱，可以通过这里连接麦克风，但是也会有幻象电源和插入式电源的问题。一般来说，麦克风都是通过音频接线柱，经USB与电脑连接的。使用音频接线柱还有其他的好处，就是在直播中能够轻松调整麦克风的音量。直播应用程序虽然也有自动调节音量的功能，但是麦克风传入的声音是在那之后才发生改变的，所以如果进入麦克风的声音并不处于优质声音的范围之内时，我们需要调小发生劣化的声音，或者调大包括电流噪声在内的音量。

因此，通过音频接线柱将从麦克风传来的声音调到最合适的音量，然后经过直播应用程序，就能得到优质的声音。

我选择iRig I/ O PRO

音频接线柱有很多种，我使用的是IK Media的iRig I/O PRO。iRig I/O PRO可以用USB连接电脑，也可以用lighting音频线连接iPhone。iRig I/O PRO既可以连接电脑，也可以连接手机。

录音和通稿发布所使用的连接器种类

介绍一下与声音相关的连接器种类和容易出现错误的注意事项。

首先讲解一下基础知识和相关术语。

1. 平衡（TRS）与非平衡（TS）

除去应对消除噪声的平衡型（XLR接线柱等），还有没有应对噪声消除的非平衡型。有时我们将平衡称为TRS，将非平衡称为TS。

2. 插头和插孔

像耳机接线柱等金属部分脱落的接线柱称为插头，接收端的开孔则称为插孔。

3. RCA

连接立体声与电视声音的接线柱称为RCA，一般被涂成红色和白色。如果是立体声音响的话，通常规定为白色在左，红色在右。

XLR 接线柱是具有降噪功能的主音频线

用 途 连接主体XLR接线柱，可以安全地传送声音，甚至数十米的长度也能成功传送。音频线的一端是公线，另一端是母线，可以通过连接多条音频线来延长。

解 说 XLR接线柱是平衡型的，XLR接线柱在音频线中担任着重要角色。与影像音频线相比，其连接器大且坚固。这里不展开讲述结构了，XLR

接线柱具备去除声音传输过程中所产生的噪声的功能（并不是音频线自身的功能，而是借助摄像机和混音器去除噪声）。在日本，连接器的发送端是公线，接收端是母线。部分广播用的XLR接线柱是相反的，SENNHEISER的无线麦克风也是相反的。

迷你XLR接线柱是标准XLR接线柱的缩小版

用　途 与XLR接线柱一致。

解　说 标准的XLR接线柱体形较大，最近也有人开始使用小型的接线柱。由于是锁扣式的，能够避免脱落的风险，也可以用在ZOOM F8n的输出接线柱和电影用的摄像机。

3.5mm立体接线柱有多种用途，单从外观上无法知晓区别

用　途 大致有4种用途。

【1】立体声用；【2】XLR接线柱的替代；【3】插入式电源用；【4】领夹式麦克风的特殊用品。

解　说 原本是输入/输出立体声的民用规格，有时也叫作迷你插头、迷你插孔。一般音频线端为插头（公线），音响设备端为插口（母线）。为了延长音频线，有时会使用延长音频线（一端是公线，另一端是母线），或者使用公母线转换器（两侧是母线）来延长。因为便宜且体积小，所以用途广泛。但是，问题在于从外观上看不出种类。

另外，立体声音频线可以传输20米左右的距离，但是容易受到电流噪声的影响，所以需要尽可能控制得短一些。还有，对于下述所示的用途，（延长）音频线同样适用。

1. 立体声用

利用耳机接线柱等传送立体声的声音。在音响术语中，这叫作非平衡的立体声。

2. XLR接线柱的替代

XLR接线柱内部有3根信号线，立体声接线柱同样也是3根，所以有时可以用立体声接线柱代替XLR接线柱。立体声接线柱的代表是无线麦克风的输出接线柱。立体声接线柱是平衡型的，使用从立体声插头到XLR接线柱的转换插头，即便连接上摄像机的麦克风接线柱，也无法输出声音。如果是混音器的XLR接线柱，就会输出声音。

如果是替代XLR接线柱的3.5mm立体声接线柱，平衡和不平衡的转换器或具有转换功能的音频线就是必要的了。

3. 插入式电源用

使用插入式电源的麦克风也会用到3.5mm立体声接线柱。插头的3个金属配件，最前面是声音，中间是电源，最后面是极柱（负极接线柱）。

摄像机的插入式电源的麦克风接线柱，基本上是单声道（1ch），所以在输入情况下，只会被传送至单声道。另外，在立体声输入接线柱连接插入式电源的麦克风，无法发出声音。根据摄像机的不同，有立体声声音插件电源，这样的话，立体声声音的输入和单声道麦克风、立体声麦克风正常工作。

4. 领夹式麦克风的特殊用品

在商业无线麦克风等被使用的领夹式麦克风，也一直使用3.5mm立体声接线柱。因为各家公司的规格完全不同，所以无法连接其他公司生产的麦克风。即使连接摄像机的麦克风接线柱，也无法输入声音。

不过，RODE Wireless GO等领夹麦克风可以连接其他公司的产品。因为领夹式麦克风的规格比较模糊，即使连接上其他公司的产品，也无法保证输出优质的声音，所以需要仔细确认。

6.3mm的插头与插孔和3.5mm的是一样的

用　途 与最近的耳机接线柱相比，6.3mm插头与插孔更粗一些，和3.5mm的是一样的，但是耐久性比3.5mm的更强。

解　说 原本6.3mm的插头与插孔作为标准款，在过去占据着主流的地位，但是近年来3.5mm的插头与插孔不断增多，如电吉他等乐器使用的就是6.3mm的插头与插孔。6.3mm也分为平衡型与非平衡型。

2级3.5mm接线柱是单声道专用的

用　途 单声道音频专用。

解　说 俗称单声道接线柱，即单声道专用接线柱，有时也作为部分插电式麦克风的接线柱使用，但现在几乎看不见其身影了。

4级3.5mm手机接线柱

用　途 将麦克风自带的耳机连接上智能手机的多功能接线柱。

解　说 麦克风与立体声耳机接线柱合二为一了。支持手机操作，具备多种功能。利用混音器接收手机

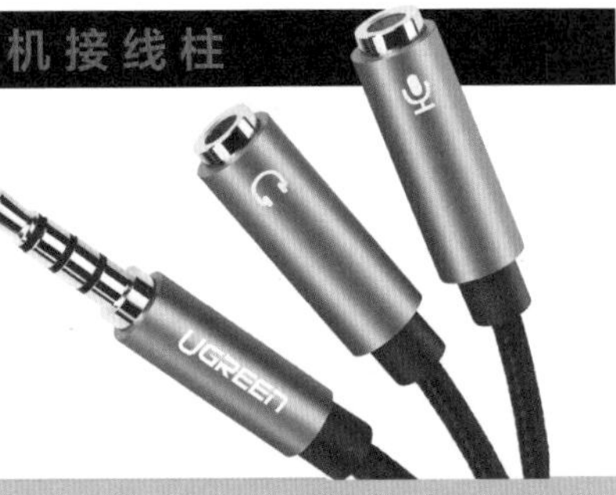

声音的时候，可以视为普通的立体声接线柱。为了向智能手机传递声音，需要准备将麦克风与耳机接线柱分开的分离器。

面向室内音响设备的RCA接线柱

用 途 作为电视、VTR、DVD等的音频输出接线柱使用。

解 说 拍摄现场几乎不会使用到这种接线柱。极少情况下，在婚礼现场等场合只能使用这类接线柱，如果带有将XLR转换为RCA的转换器会十分方便。

上面是迷你插头到标准插头的转换器。
下面是迷你插头到 RCA 的转换器

其他需要准备的东西

如前所述，音频接线柱具有多种形状与规格。如果是自己的设备，那就没有问题；如果是在会议现场等场合录制声音，或使用别人的设备的时候，往往需要准备转换器。

1.XLR 接线柱公母转换器

市面上存在着极少量的公母相反的音响设备。在电视台，池上公司的广播设备都是公母颠倒的。为了连接这样的设备，需要进行公母转换。两侧为公，两侧为母，具备这两种就可以了。

2.XLR 接线柱与 3.5mm 接线柱转换器

XLR接线柱与3.5mm接线柱的转换器有两种，从平衡信号转为平衡信号的转换器，以及从平衡信号（XLR接线柱）转为非平衡信号（XLR接线柱和3.5mm接线柱）的转换器。

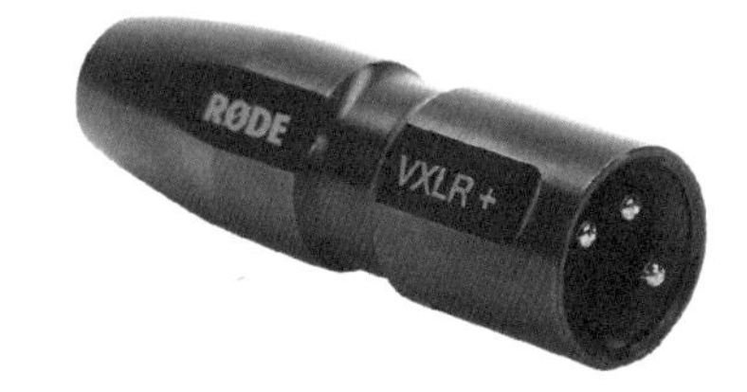

RODE VXLR+ 单声道 3.5mm 插头、插孔变换成 3.5mm

3.3.5mm 接线柱公母转换器

用于延长立体声的音频线。

关于立体声录音

实际上我们在电影或电视中基本上不使用立体声录音，不过立体声录音却可以用于录制环境音或乐器演奏。本书将对立体声录音作为收录自然环境音或表现会议现场氛围的声音的诀窍进行讲解。

立体声录音的基础

立体声录音，指的是使用两支麦克风，将其之间的距离调整为人耳的宽度，左声道进入左耳、右声道进入右耳，通过类似这样的2ch进行录音。为了进行立体声录音，需要使用立体声麦克风或双立体声麦克风（配套式麦克风）。

简单来说，立体声麦克风越小，就越缺乏立体声感；而立体声麦克风越大，立体声的临场感就会越强。另外，使用双立体声麦克风的话，两支麦克风之间的间隔越大，立体声的效果就会越强。

立体声麦克风的特性和使用方法

立体声麦克风是指内部拥有两个集音部的麦克风，为了便于操作而变成了一支麦克风。但是，最真实的立体声感需要有和人耳一样的宽幅。因此，利用麦克风的方向性，制造出了模拟的麦克风间隔。一种是让麦克风之间以“X”交叉的“XY”方式。因为麦克风的拾音角度朝向外侧，能够创造出模拟的立体声感。另一种是“AB”方式，就是将麦克风朝向八字形的外侧，原理和“XY”相似。无论哪种方式，拾音角度设置得越极端，立体声感就会越强。不过，麦克风能够录制高音质的区域也会向外侧扩散，麦克风正面的音质相应地就会降低。

除此之外，还有一种叫作“MS”方式的立体声麦克风。这种麦克风由只录正面声音的麦克风和只录左右声音的麦克风组合而成，这两种声音混合在一起，能够产生立体声的感觉。因为正面朝向麦克风，所以不会像XY等方式那样，中间的声音不会变细，能够获得良好的立体声效果。我们也可以在剪辑时改变立体声的具体效果，但是很难创造出像双立体声麦克风那样的临场感。

简单有效的双立体声麦克风

有时立体声录音会加大麦克风之间的间隔，将麦克风朝向正面或是想要录音的被摄对象，这时使用的就是双立体声麦克风。麦克风的感觉越强，立体感也会越强。在电影中，用耳朵能够听到的情感，实际上借助立体声可以更真实地表现出来。作为一名创作者，也应该尝试使用双立体声麦克风。

我们经常能看到在活动现场用双立体声麦克风来录制观众的欢呼声。另外，在钢琴音乐会中，前方观众席的顶部也会向下悬挂立体声麦克风。这是除去乐器声，将观众的鼓掌声等也会记录下来的立体声麦克风。

成对麦克风可以交叉设置，也可以向外设置。试着做一做，你应该能录下来有趣的声音。不过，交叉设置（“XY”方式）时，左右声音会反转，要么替换音频线，要么在剪辑时重新恢复过来。

在使用双立体声麦克风的情况下，将麦克风分别接到混音器的两个声道，用混频电位计（区分左右），将各个声道分为左和右。很多混音器都附带有立体声录音功能，可以将左右声道当作一对立体声。变成双立体声麦克风的话，两个声道就会变为1个立体声声音文件。

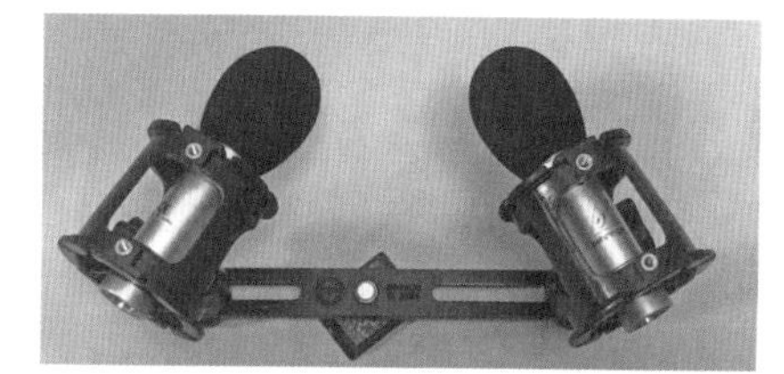

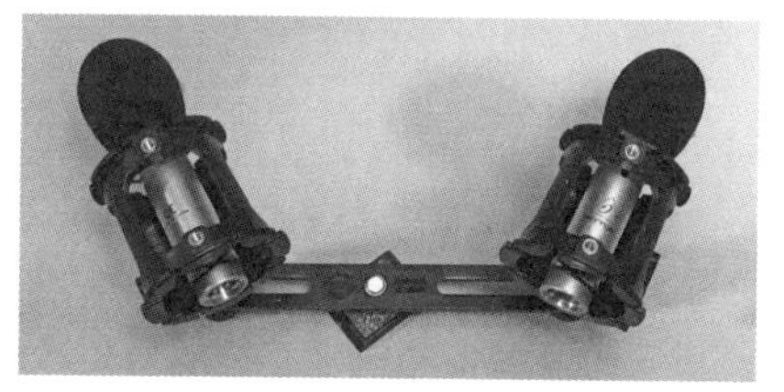

根据角度的不同，双立体声麦克风可以创造出多种多样的立体声效果

顺便说一下，如果是ZOOM的录音机，你可以同时按下2个音轨键（相邻位置）。如果是TASCAM，在菜单中设置立体声配对即可。

写在最后

利用枪式麦克风尽情畅玩吧

本书前面介绍了各种各样的录音技巧，不过我想各位摄影师也应该明白，并不是一切都要按照书上的内容去做。如果掌握了麦克风的使用方法，可以应用到各种各样的领域。

在此，我提出最后的建议：如果想要自己录下来的声音能够像电视里那样听清内容的话，请选择无线麦克风；如果追求声音上的艺术表现，请选择枪式麦克风。

你所希望的视频中的声音是什么样的呢

如果你想做访谈或电视节目之类的东西，我推荐使用音质稳定的无线领夹式麦克风；如果想做企业视频或视频网站之类的节目，拥有4ch以上的录音机或4ch的无线麦克风就足够了；如果想做广告或预算比较充裕的作品，那么请一定叫上录音部门。

如果想要实现声音上的艺术表现，可以试着使用在电影中用到的枪式麦克风，仅靠改变距离和角度就可以获得各种各样的表现效果。一旦开始使用麦克风，表现声音的世界就会变得广阔起来。拥有艺术家心灵的大家一定会找到声音的新世界。

版权贸易合同登记号 图字：01-2021-7588

图书在版编目（CIP）数据
视频录音技术自学手册 /（日）樱风凉著；胡琪译. —北京：电子工业出版社，2023.3
ISBN 978-7-121-44923-9
Ⅰ.①视… Ⅱ.①樱… ②胡… Ⅲ.①视频—录音—自学参考资料 Ⅳ.① TN912.12
中国国家版本馆CIP数据核字（2023）第015359号

责任编辑：赵英华　　特约编辑：田学清
印　　刷：中国电影出版社印刷厂
装　　订：中国电影出版社印刷厂
出版发行：电子工业出版社
　　　　　北京市海淀区万寿路173信箱　　邮编：100036
开　　本：720×1000　1/16　印张：14　字数：263.9千字
版　　次：2023年3月第1版
印　　次：2023年3月第1次印刷
定　　价：89.00元

凡所购买电子工业出版社图书有缺损问题，请向购买书店调换。若书店售缺，请与本社发行部联系，联系及邮购电话：（010）88254888，88258888。
质量投诉请发邮件至zlts@phei.com.cn，盗版侵权举报请发邮件至dbqq@phei.com.cn。
本书咨询联系方式：（010）88254161~88254167转1897。